电力系统运行与控制
实验指导书

主　编　张海燕　　易长松　　胡　刚
副主编　李翠英　　邓强强　　罗　妤
参　编　胡　敏　　石　岩　　朱光平
　　　　宋乐鹏　　常继彬
主　审　涂光瑜

重庆大学出版社

内 容 提 要

本书主要是以"WDT-ⅢC电力系统综合自动化实验台"和"PS-7G电力系统微机监控实验台"为主要实验设备,涵盖了同步发电机的同期运行、励磁控制实验、系统动静态稳定性测试实验、复杂系统运行方式等实验。本书可作为应用型本科类院校以及高职高专院校电气类专业的教材,同时也可作为非电气行业初学者及部分电气从业人员的岗前培训和实践学习的参考书。

图书在版编目(CIP)数据

电力系统运行与控制实验指导书/张海燕,易长松,
胡刚主编. 一重庆:重庆大学出版社,2015.8
高等学校电气工程及其自动化专业应用型本科系列规划教材
ISBN 978-7-5624-9269-6

Ⅰ.①电… Ⅱ.①张…②易…③胡… Ⅲ.①电力系
统运行—高等学校—教材 Ⅳ.①TM732

中国版本图书馆 CIP 数据核字(2015)第 148565 号

电力系统运行与控制实验指导书

主 编 张海燕 易长松 胡 刚
副主编 李翠英 邓强强 罗 妤
策划编辑:杨粮菊

责任编辑:陈 力 版式设计:杨粮菊
责任校对:秦巴达 责任印制:赵 晟

*

重庆大学出版社出版发行
出版人:邓晓益
社址:重庆市沙坪坝区大学城西路 21 号
邮编:401331
电话:(023)88617190 88617185(中小学)
传真:(023)88617186 88617166
网址:http://www.cqup.com.cn
邮箱:fxk@cqup.com.cn(营销中心)
全国新华书店经销
万州日报印刷厂印刷

*

开本:787×1092 1/16 印张:8.5 字数:186千
2015 年 8 月第 1 版 2015 年 8 月第 1 次印刷
印数:1—2 000
ISBN 978-7-5624-9269-6 定价:19.00 元

前 言

　　《电力系统运行与控制实验指导书》是一本综合了电气工程专业中的《电力工程》《电力系统自动化》《电力系统分析》《微机保护》《电力系统自动装置原理》等专业课程实验而编写出来的综合实验教材,主要是为了适用于目前的应用型本科教学。

　　实验教学是高等理工科学校的主要实践性环节之一,它在培养学生的实际操作能力、分析问题和解决问题的能力方面,起着极重要的作用;专业综合实验课程还肩负着综合运用所学基础知识和专业知识,培养学生创造能力的作用。

　　本实验指导书是在"WDT-ⅢC 电力系统综合自动化实验台"上进行的,实验指导书中部分实验需增加"PS-7G 电力系统微机监控实验台"共同完成第 13 章及第 14 章。将多个自动化实验台,通过"PS-7G 电力系统微机监控台"构成一个可变的多机环型电力网络,进行各种潮流分析实验,实现电力系统的检测、控制、监视、保护、调度的自动化,具有电力系统"四遥"功能。另外,本书中设计了两个利用 MATLAB/SIMULINK 软件进行的综合设计性实验。

　　综合自动化实验平台的模型是针对电力系统教学实验而设计,其工作方式是按发电机通过输电线路与无穷大系统连接,构成"一机—无穷大"电力系统而设计的,考虑到模型操作的灵活和方便。在设计中,设计者也考虑到增加一些与外部连接的功能,在一定程度上扩大其使用功能。

　　本指导书仅提供可以进行实验的项目。每个项目的内容多少不一,有些编写得比较详细,有的比较简略,这便于因材施教和进行选择;有些项目内容较多,可以选做其中一部分;另外,在实验课中也可将若干部分实验内容组合成一个课题深入研究,这样可以充分发挥学生在科学实验方面的主动性和创造能力,提高实验教学的水平和质量,充分发挥应用型本科教学中实践与理论相结合的教学原则。

本书第 4 章到第 6 章由武汉华大电力自动技术有限责任公司易长松、邓强强编写,第 7 章到第 9 章由重庆科技学院李翠英、石岩编写,第 10 章到第 12 章由重庆科技学院朱光平、宋乐鹏编写,第 13 章到第 14 章由重庆科技学院胡敏、罗好编写,第 15 章到第 16 章由重庆科技学院张海燕、胡刚编写,本书第 Ⅰ 篇及附录由武汉华大电力自动技术有限责任公司邓强强及重庆科技学院常继彬编写,全书由邓强强、张海燕统稿,并由华中科技大学涂光瑜教授负责主审定稿。

在编写过程中,武汉华大电力自动技术有限责任公司的技术部门及相关学校电气工程系的许多同仁提出了不少改进意见,在此表示感谢。此外,在编写过程中曾引用若干参考文献及互联网上的一些素材,编者们在此谨向文献的作者与网络素材提供者致谢。本指导书的编写凝聚了许多人的辛勤汗水,编者在此一并表示衷心地感谢。由于编写者水平有限,加之时间仓促,疏漏之处在所难免,谨请读者指正。

编　者

2015 年 3 月

目录

第 I 篇　实验平台及实验基本要求

第 **1** 章

WDT-ⅢC 电力系统综合自动化实验平台

电力系统综合自动化实验台是一个自动化程度很高的多功能实验平台,它由发电机组、实验操作台、无穷大系统等设备组成。如图1.1所示,发电机与无穷大系统之间采用双回路输电线路,并设有中间开关站,通过中间开关站和单回、双回线路的组合,使发电机与无穷大系统之间可构成4种不同的联络阻抗,供系统实验分析比较时使用。

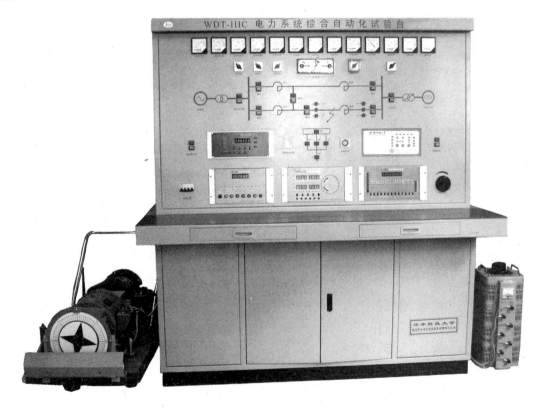

图1.1 电力系统综合自动化实验平台外形图

1.发电机组

发电机组是由同在一个轴上的三相同步发电机($S_N = 2.5 \text{ kV} \cdot \text{A}$, $V_N = 400 \text{ V}$, $n_N = 1\ 500 \text{ r/min}$),模拟原动机用的直流电动机($P_N = 2.2 \text{ kW}$, $V_N = 220 \text{ V}$)以及测速装置和功率角指示器组成。直流电动机、同步发电机经弹性联轴器对轴联结后组装在一个活动底盘上构成可移动式机组。具有结构紧凑、占地少、移动轻便等优点,机组的活动底盘有4个螺旋式支脚和3个橡皮轮,将支脚旋下即可开机实验。

2.实验操作台

实验操作台是由输电线路及保护单元、功率调节和同期单元、仪表测量和短路故障模拟单元等组成。

(1)输电线路单元

采用双回路输电线路,每回输电线路分为两段,并设置有中间开关站,可构成4种不同的联络阻抗。输电线路的具体结构如图1.2所示。

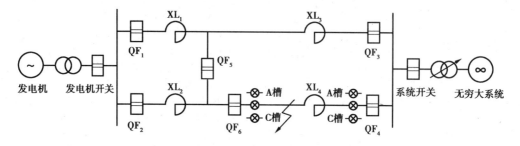

图1.2　单机—无穷大系统电力网络结构图

输电线路分为"可控线路"和"不可控线路",在线路XL_4上可设置故障,该线路为"可控线路",其他线路不能设置故障,为"不可控线路"。

①"不可控线路"的操作。操作"不可控线路"上的断路器的"合闸"或"分闸"按钮,可投入或切除线路。按下"合闸"按钮,红色按钮指示灯亮,表示线路接通;按下"分闸"按钮,绿色按钮指示灯亮,表示线路断开。

②"可控线路"的操作。在"可控线路"上预设有短路点,并在该线路上装有"微机线路保护装置",可实现过流保护,并具备自动重合闸,通过控制QF_4和QF_6来实现。QF_4和QF_6上的两组指示灯亮或灭分别代表QF_4和QF_6的A相、B相和C相的3个单相开关的合或分状态。

为了实现非全相运行和分相切除故障,QF_4和QF_6的分、合控制与"不可控线路"上断路器操作不同,区别如下所述。

正常工作时,按下 QF_4 合闸按钮,3 个单相指示灯亮,而 QF_4 红色合闸按钮灯不亮,手动分闸或微机线路保护装置动作三相全跳时,绿色分闸指示灯亮,3 个单相指示灯全灭;当保护装置跳开故障相时,故障相的指示灯灭。

③中间开关站的操作。中间开关站是为了提高暂态稳定性而设计的。不设中间开关站时,如果双回路中有一回路发生严重故障,则整条线路将被切除,线路的总阻抗将增大一倍,这对暂态稳定是很不利的。

设置了中间开关站,即通过开关 QF_5 的投入,在距离发电机侧线路全长的 1/3 处,将双回路并联起来,XL_4 上发生短路,保护将 QF_4 和 QF_6 切除,线路总阻抗也只增大 2/3,与无中间开关站相比,这一措施将提高暂态稳定性。中间开关站线路的操作同"不可控线路"。

(2)微机线路保护单元

微机线路保护单元采用 YHB-A 微机线路保护装置,主要实现线路保护和自动重合闸等功能,配合输电线路完成稳态非全相运行和暂态稳定等相关实验项目,使用说明见附录4。

(3)控制方式选择单元

控制方式选择单元包括发电机组的运行方式、同期方式和励磁方式的选择,可通过 TGS-03B 调速机箱(附录1)上的控制方式按钮,同期方式转换开关、励磁方式转换开关实现不同的控制方式。

(4)监测仪表单元

监测仪表单元采用模拟式仪表,测量信号为交流、直流信号。包括 3 只交流电压表、3 只交流电流表、1 只频率表、1 只三相有功功率表、1 只三相无功功率表、2 只直流电压表、2 只直流电流表、1 只同期表。

同期表用于监测发电机开关两侧的压差、频差和相差。

除同期表外,其他仪表测量如下电量参数:原动机电压、原动机电流;发电机电压、发电机频率、开关站电压、发电机 A、B、C 相电流;发电机有功功率、发电机无功功率;系统电压、励磁电压和励磁电流。其中 3 只交流电压表可通过电压切换开关切换显示不同的三相线电压和三相相电压,各测量仪表的量程和精度等级见表 1.1。

表 1.1　测量仪表参数表

序号	仪表名称	量　程	精　度
1	原动机电压	DC 0～250 V	1.5
2	原动机电流	DC 0～15 A	1.5
3	发电机电压	AC 0～450 V	1.5
4	发电机频率	45～55 Hz	5.0
5	开关站电压	AC 0～450 V	1.5

续表

序号	仪表名称	量　程	精　度
6	发电机 A 相电流	AC 0 ~ 5 A	1.5
7	发电机 B 相电流	AC 0 ~ 5 A	1.5
8	发电机 C 相电流	AC 0 ~ 5 A	1.5
9	发电机有功功率	0 ~ 4 kW	2.5
10	发电机无功功率	−4 ~ 4 kV·A	2.5
11	系统电压	0 ~ 450 V	1.5
12	励磁电流	DC 0 ~ 10 A	1.5
13	励磁电压	DC 0 ~ 80 V	1.5
14	同期表		

注:各仪表请不要超量程使用,以免损坏设备。

(5) 设置单元

设置单元包括同期开关时间设置、短路故障类型设置及短路时间设置。

①同期开关时间设置。采用欧姆龙时间继电器延时来模拟断路器的合闸时间。延时时间范围可根据需要整定,配合微机准同期装置使用。看清楚"sec(秒)"和"min(分)"的选择以及对应的"×1"和"×10"的选择,并将微机线路保护装置整定好。

②短路类型的选择与操作。短路类型共有单相接地、两相短路、两相短路接地和三相短路 4 种,通过"操作面板"上与模拟接线图结合在一起的 4 个名为"A 相""B 相""C 相""N 相"的自锁按钮分别操作 4 个开关,使其接通或断开,便可组合出上述 4 种短路类型来。

这 4 个自锁按钮的特点是:按下按钮,按钮自锁,其红色指示灯亮,代表对应的开关被投入;再按一下按钮,使其弹起复位且指示灯灭,表示对应的开关被断开,也就是说,自锁按钮的按动可以产生两个控制动作。

③短路发生的操作。从"操作面板"的模拟图上可以看到,由于"短路"开关并未投入,因此,短路故障尚未"发生"。

发生短路是在调整好实验电力系统的运行状态以后才出现的,因此,此项操作也是在调整好电力系统进行短路实验所要求的运行状态(例如发电机输出的有功、无功、电压、无穷大系统电压等)后才做的。

"短路"按钮是一个自复位按钮,当按下"短路"按钮,表示短路开关投入,即发生短路故障(在短路类型选择已完成的前提下)。短路故障发生后,启动"短路时间"继电器,达到整定时间后自动切除故障。故在按下"短路"按钮之前一定要整定好"短路时间",看清楚

"sec（秒）"和"min（分）"的选择以及对应的"×1"和"×10"的选择,并将微机线路保护装置整定好。

注意事项:

①电力系统的故障一般都是以"秒"为单位,故障时间继电器应选择"sec"的位置,当量程选为(×1)时即最大故障时间为1″;当量程选为(×10)时,则最大故障时间为10″。

②故障时间的整定一定要与微机线路保护的整定相配合。

③当操作失误故障无法消除时,可迅速将已选择的故障类型开关复位,使"A 相""B 相""C 相""N 相"开关均复位,即"短路"开关无法真正工作。

(6)电源单元

电源单元包括电源开关、原动机开关、励磁开关、手动励磁调压器。

①实验台电源开关。在实验台左侧有一个微型断路器:三相4P 电源空开(D32A)。

②原动机开关和励磁开关。操作实验台左下角的原动机开关红色"合闸"按钮或绿色"分闸"按钮,可投入或切除原动机整流变压器一次侧开关。按下"合闸"按钮,红色按钮指示灯亮,表示接通;按下"分闸"按钮,绿色按钮指示灯亮,表示断开。

操作实验台右下角的励磁开关红色"合闸"按钮或绿色"分闸"按钮,可投入或切除励磁变压器一次侧开关。按下"合闸"按钮,红色按钮指示灯亮,表示接通;按下"分闸"按钮,绿色按钮指示灯亮,表示断开。

③手动励磁调压器。在实验台右下方有一个单相调压器,该调压器用于给发电机手动励磁提供电源,顺时针增大,逆时针减小。

(7)实验平台的自动装置

输电线路采用具有中间开关站的双回路输电线路模型,并对其中一段线路设有"YHB-A 微机保护装置",此线路的过流保护还具有单相自动重合闸功能。

功率调节和同期单元由"TGS-03B 微机调速装置""WL-04B 微机励磁调节器""HGWT-03B 微机准同期控制器"等微机型的自动装置和其相对应的手动装置组成。各控制装置使用说明见附录1—附录3。

仪表测量和短路故障模拟单元由各种测量表计及其切换开关、各种带灯操作按钮以及观测波形用的测试孔和各种类型的短路故障操作等部分组成。在做电力系统实验时,全部的操作均在实验操作屏台上进行。

3. 无穷大系统

无穷大电源是由 15 kV·A 的自耦调压器组成。通过调整自耦调压器的电压可以改变无穷大母线的电压。

实验操作台的"操作面板"上有模拟接线图、操作按钮和切换开关以及指示灯和测量仪表等。操作按钮与模拟接线图中被操作的对象结合在一起,并用灯光颜色表示其工作状态,具有直观的效果。红色灯亮表示开关在合闸位置,绿色灯亮表示开关在分闸位置。

本实验装置主要是为开设与电力系统运行(稳态及暂态)有关的教学实验而设计的。虽然实验装置中的发电机、原动机、励磁系统及输电线路,并未按与大型实际电力系统的相似条件来进行物理仿真,然而,它们不失为一个真实的"单机—无穷大"的简单电力系统,并且可以定性地、反复地、直观地实验,以及观测实际电力系统的各种运行状态,而且由于小型发电机与大型发电机参数(标幺值)的差别,在实验中可以观测与教科书中对大型发电机所作的分析差别,这更有利于引导学生进行思考,从而进一步加深对电力系统运行状态特性的理解,也有利于培养学生的科学思维能力,有利于对学生进行实际操作和实验研究能力的培养和训练。

第2章
PS-7G 电力系统微机监控实验平台

PS-7G 型电力系统微机监控实验台是一个高度自动化的、开放式多机电力网综合实验系统，它建立在 WDT-ⅢC（或 WDT-Ⅳ）电力系统综合实验平台的基础之上，将多个实验平台连接成一个大的电力系统，并配置微机监控系统实现电力系统"四遥"功能。它能够反映现代电能的生产、传输、分配和使用的全过程，充分体现现代电力系统高度自动化、信息化、数字化的特点，实现电力系统的检测、控制、监视、保护、调度的自动化。这个适应新实验课程体系的开放式公共实验平台，有利于提高学生创新思维与实践能力，更好地培养出高素质的复合型人才。

电力系统微机监控实验系统由计算机、实验操作台、无穷大系统 3 大部分组成，如图 2.1 所示。

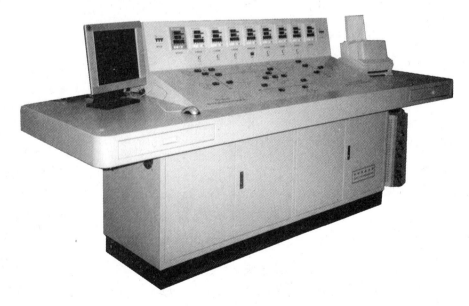

图 2.1　PS-7G 电力系统微机监控实验台现场图

　　多机电力网综合实验系统的研制,更新与加强了专业实验内容,改进了实验方法与手段,创建了一套能进行专业课程和综合研究实验的实验装置,建立一个开放式、研究性、综合型的专业实验现代教学体系,提高专业实验的教学质量和水平,更有利于培养学生综合分析问题和解决问题的能力。

　　"PS-7G 电力系统微机监控实验台"是将 7 台"WDT-ⅢC(或 WDT-Ⅳ)电力系统综合自动化实验台"的发电机组及其控制设备作为各个电源单元组成一个环网。电力网一次系统接线图如图 2.2 所示。

　　G-A、G-B、G-C、G-D、G-E、G-F、G-G 分别模拟 7 个发电厂,从 7 台发电机的母线引电缆分别连接到电力网母线 MA、MB、MC、MD、ME、MG 上,模拟无穷大电源 W-G 则由市电 380 V 经 20 kV·A 自耦调压器接至母线 MG 上,3 组感性负荷分别连接至 MC、MD 母线上。而 MD 母线经联络变压器与线路中间站 MF 母线相连,整个一次系统构成一个可变结构的电力系统网络。

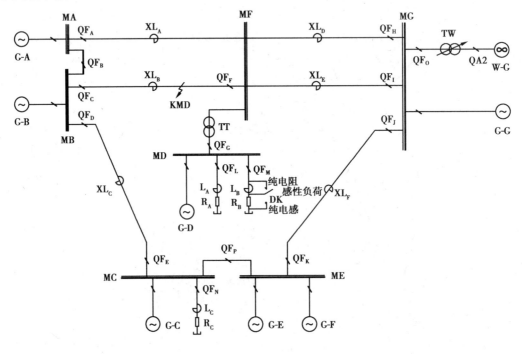

图 2.2　电力网一次系统接线图

1.电力网的结构特点

　　电力网电力系统主网按 500 kV 电压等级来模拟,MD 母线为 220 kV 电压等级,每台发电机按 600 MW 机组来模拟,无穷大电源短路容量为 6 000 MVA。

　　A 站、B 站相连通过双回 400 km 长距离线路将功率送入无穷大系统,也可将母联断开分别输送功率。在距离 100 km 的中间站的母线 MF 经联络变压器与 220 kV 母线 MD 相连,D 站在轻负荷时向系统输送功率,而当重负荷时则从系统吸收功率(当两组大小不同的 A、B 负荷同时投入时)从而改变潮流方向。

C 站,一方面经 70 km 短距离线路与 B 站相连,另一方面通过母联与 E 站相连,并且设有地方负荷。E 站经 200 km 中距离线路与无穷大母线 MG 相连。

此电力网是具有多个节点的环形电力网,通过投切线路,能灵活地改变接线方式,如切除 XL_C 线路,电力网则变成了一个辐射形网络,如切除 XL_F 线路,则 C 站要经过长距离线路向系统输送功率,如 XL_C、XL_F 线路都断开,则电力网变成了 T 型网络等。

在不改变网络主结构的前提下,通过分别改变发电机有功、无功来改变潮流的分布,可以通过投、切负荷改变电力网潮流的分布,也可以将双回路线改为单回路线输送来改变电力网潮流的分布,还可以调整无穷大母线电压来改变电力网潮流的分布。

在不同的网络结构前提下,针对 XL_B 线路的三相故障,可进行故障计算分析实验,此时当线路故障时其两端的线路开关 QF_C、QF_F 跳开(开关跳闸时间应整定在 0.3 s 以内)。

2. 主电气设备的设计参数

(1)同步发电机

同步发电机参数表见表 2.1。

表 2.1　同步发电机参数表

序号	性能数据	设计值
1	三相交流同步发电机容量/(kV·A)	2.5
2	定子额定电压/V	400
3	定子额定电流/A	3.61
4	功率因数/$\cos \varphi$	0.8
5	发电机转速/(r·min^{-1})	1 500
6	磁极线圈电阻(75 ℃)/Ω	22.37

(2)输电线路

$XL_A = XL_B = 4 \angle 86° (\Omega)$　　　　($2.5 \angle 85.2°$、$4 \angle 86°$、$5.5 \angle 86.4°$)

$XL_C = 2.5 \angle 85.2° (\Omega)$　　　　($2.5 \angle 85.2°$、$4 \angle 86°$、$5.5 \angle 86.4°$)

$XL_D = XL_E = 12 \angle 86° (\Omega)$　　　($9 \angle 85.6°$、$12 \angle 86°$、$15 \angle 86.2°$)

$XL_F = 8 \angle 86° (\Omega)$　　　　　　($6 \angle 85.5°$、$8 \angle 86°$、$10 \angle 86.2°$)

注意:输电线路参数可以通过电抗的抽头更改,如括号内。

(3)联络变压器

变压器容量 $S_N = 2.5 \text{ kV} \cdot \text{A}$

接线组别 Y0/Y0

短路阻抗 $U_K = 13\%$

变比为:380 V、380 ± 2.5% V、380 ± 5% (V)/380(V)、

(4)模拟负荷

$L_{DA} = (125 + j95)\Omega$

$L_{DB} = 160\Omega, (160 + j105)\Omega, j105\Omega$

$L_{DC} = (120 + j125)\Omega$

式中,L_{DB}的参数可以通过开关切换。

第 **3** 章
实验基本要求

WDT-ⅢC 电力系统综合自动化实验平台和 PS-7G 电力系统监控实验台的实验目的是使学生掌握系统运行的原理及特性,学会通过故障运行现象及相关数据分析故障原因,并排除故障。通过实验使学生能够根据实验目的、实验内容及测取的数据,进行分析研究,得出必要结论,从而完成实验报告。在整个实验过程中,必须集中精力,及时认真做好实验。现按实验过程提出下列具体要求。

1. 实验前准备

实验准备即实验的预习阶段,是保证实验能顺利进行的必要前提。每次实验前都应做好预习,才能对实验目的、步骤、结论和注意事项等做到心中有数,从而提高实验质量和效率,预习时应做到下述事项。

①复习教科书有关章节内容,熟悉与本次实验相关的理论知识。

②认真学习实验指导书,了解本次实验目的和内容,掌握实验工作原理和方法,仔细阅读实验安全操作说明,明确实验过程中应注意的问题(有些内容可到实验室对照实验设备进行预习,熟悉组件的编号,使用及其规定值等)。

③实验前应写好预习报告,其中应包括实验系统的详细接线图、实验步骤、数据记录表格等,经教师检查认为确实做好了实验前的准备,方可开始实验。

④认真做好实验前的准备工作,对于培养学生独立工作能力、提高实验质量和保护实验设备、人身的安全等都具有相当重要的作用。

2. 实验基本方式

在完成理论学习、实验预习等环节后,就可进入实验实施阶段。实验时要做到下述内容。

(1)预习报告完整,熟悉设备

实验开始前,指导老师要对学生的预习报告做检查,要求学生了解本次实验的目的、内容和方法,只有满足此要求后,方能允许实验。

指导老师要对实验装置作详细介绍,学生必须熟悉该次实验所用的各种设备,明确这些设备的功能与使用方法。

(2)建立小组,合理分工

每次实验都以小组为单位进行,每组由 5～10 人组成。在实验进行中,机组的运行控制、电力系统的监控调度、记录数据等工作都应有明确的分工,以保证实验操作的协调,数据准确可靠。

(3)试运行

在正式实验开始之前,先熟悉仪表的操作,然后按一定规范通电并接通电力网络,观察所有仪表是否正常。如果出现异常,应立即切断电源,并排除故障;如果一切正常,即可正式开始实验。

(4)测取数据

预习时应对所测数据的范围做到心中有数。在正式实验时,应根据实验步骤逐次测取数据。

(5)认真负责,实验有始有终

实验完毕后,应请指导老师检查实验数据、记录的波形。经指导老师认可后,关闭所有电源,并将实验中所用的物品整理好,放至原位。

3. 实验总结

实验总结是实验的最后阶段,应对实验数据进行整理、绘制波形和图表、分析实验现象并撰写实验报告。每位实验参与者要独立完成一份实验报告,实验报告的编写应持严肃认真、实事求是的科学态度。如实验结果与理论有较大出入时,不得随意修改实验数据和结果,而应用理论知识来分析实验数据和结果,解释实验现象,找出引起较大误差的原因。

实验报告是根据实测数据和在实验中观察发现的问题,经过自己分析研究或分析讨论后写出的实验总结和心得体会,应简明扼要、字迹清楚、图表整洁、结论明确。

实验报告应包括下述内容:

①实验名称、专业、班级、学号、姓名、同组者姓名、实验日期、室温等。

②实验目的、实验线路、实验内容。

③实验设备、仪器、仪表的型号、规格、铭牌数据及实验装置编号。

④实验数据的整理、列表、计算,并列出计算所用的计算公式。

⑤画出与实验数据相对应的特性曲线及记录的波形。

⑥用理论知识对实验结果进行分析总结,得出正确的结论。

⑦对实验中出现的现象、遇到的问题进行分析讨论,写出心得体会,并对实验提出自己的建议和改进措施。

⑧实验报告应写在一定规格的报告纸上,并保持整洁。

⑨每次实验每人独立完成一份报告,按时送交指导老师批阅。

4. 安全说明

①实验过程前女生应将头发挽起,必要时戴上安全帽;女生不穿高跟鞋,男生女生均不能穿带钉子的鞋子。

②实验开始前没有教师的指导不准随意开启电源,以防出现不必要的事故。

③应在观察原动机和功率角时注意保持安全距离。

④实验过程中的安全注意事项在各章相应位置均有标明,请参照执行。

第Ⅱ篇　实验内容

第4章

同步发电机开机与停机实验

1. 实验目的

①了解实验台各个部分的作用。
②熟悉实验台开机与停机的操作顺序。
③学会观察整步表。

2. 实验原理

对实验台上的各个部分进行熟悉,包括按钮熟悉,并且针对开机与停机的步骤详细了解记忆后,可以预防实验设备因人为故障而被烧毁。

原动机是一台 2.2 kW 直流电动机,其励磁为恒定方式,调节其电枢电压来改变电机出力,电枢电压的供电电源是由市电 380 V 交流电源通过整流变压器降压后,经晶闸管整流再通过平波电抗器后供给的,如图 4.1 所示,晶闸管的控制是由"操作面板"左下部的"TGS-03B 微机调速装置"完成,其开机方式有 3 种供选择。

①模拟方式开机,它是通过调整指针电位器来改变晶闸管输出电压。
②微机手动开机方式,它是通过增速、减速按钮来改变发电机的转速。
③微机自动开机方式,它是由微机自动将机组升到额定转速,并列之后,通过增速、减速按钮来改发电机的频率及功率。

发电机对无穷大系统的功率角可以从调速装置显示读得,也可以从功率角指示器中得到,功率角指示器原理说明见附录6。

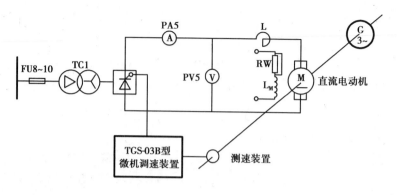

图 4.1　原动机系统一次接线图

3. 实验内容与步骤

实验前首先检查 WDT-ⅢC 电力系统综合自动化实验台、同步发电机组、感应调压器是否具备开机条件,符合要求后合实验台上"操作电源"开关,此时反映各开关位置的绿色指示灯亮,同时 4 台微机装置上电,数码管均能正确显示。

(1) 开机方式选择

在实验台的"TGS-03B 微机调速"装置中有 3 种开机方式供选择,即"模拟方式""微机自动方式""微机手动方式"。

①当选择"模拟方式"时,应首先将指针电位器调至零,然后合上"原动机开关"再顺时针旋转指针电位器,当发电机旋转之后,应观察机组稳定情况,然后缓慢加速到额定转速。

②当选择"微机自动方式"时,先合上"原动机开关",然后按下"停机/开机"按钮,此时"开机"指示灯亮,"停机"指示灯灭,发电机组自动增速到额定转速。

③当选择"微机手动方式"时,先合上"原动机开关",然后按下"停机/开机"按钮,指示灯同样对应转换,按下"增速"按钮,可以看到控制量的大小,监视发电机转速,直至将发电机调整为额定转速。

④本装置可实现"微机自动"与"微机手动"方式的自由切换,在"模拟方式"下可自由切换到"微机方式",在"微机方式"下通过调节指针电位器观察平衡灯也可在不关机的情况下自由切换到"模拟方式"。

(2) 励磁方式选择

在实验台上有一个"励磁方式"切换开关,它可选择 3 种励磁方式,即"手动励磁方式""微机他励方式""微机自并励方式"。

①当选择"手动励磁方式"时,应先将"手动励磁"调节旋钮反时针旋到零,然后合上"励磁开关",顺时针调节"手动励磁"旋钮增加励磁电压,在维持发电机为额定频率时,增加励磁电压,使发电机调为额定电压。

②当选择"微机他励"或"微机自并励"时,微机励磁调节器选择"恒 U_F"运行方式,然后合上"励磁开关",松开"灭磁"按钮,调节器自动起励至给定电压。

(3) WDT-ⅢC 无穷大电流和线路开关操作

①合上无穷大电源"系统开关"。观察"系统电压"表是否为实验要求值,调整自耦调压器的把手,顺时针增大或逆时针减少输出至无穷大母线的电压,调整到实验的要求值(一般为380 V)。

②合上线路开关"QF_1"和"QF_3"则发电机的母线上得电,此时可以从微机准同期控制器上观察到系统的频率和电压,同时也能看到发电机的频率和电压。

(4)同期方式选择

在实验台上有一个"同期方式"切换开关,它提供 3 种同期方式供选择,即"手动同期方式""全自动同期方式""半自动同期方式"。

①当"同期方式"选择为"手动"方式时,则"发电机开关"两侧的电压施加到"同期表"上,根据"同期表"中的"频率差"和"电压差"分别调整发电机的转速和电压,使之接近为零。然后,在"相角差"趋向零时的"导前角"时间合闸,即发电机与系统并列。

②当"同期方式"选择为"全自动"方式时,然后按下"微机准同期控制器"上的"同期命令",则发电机"调频""调压"和"合闸出口"均由微机准同期控制器自动完成。

③当"同期方式"选择为"半自动"方式时,则准同期控制器通过指示灯的亮或者熄,指示实验人员进行手动"升压""降压""增速""减速"操作。当合闸条件满足时,准同期控制器发出合闸命令,实现同步发电机同期并列操作。

(5)自动方式下机组启动与建压

①检查调速器上"模拟调节"电位器指针是否指在"0"位置,如不在则应调到"0"位置。

②合上操作电源开关,检查实验台上各开关状态:各开关信号灯应绿灯亮、红灯灭。调速器面板上数码管显示发电机频率,调速器上"微机正常"灯和"电源正常"灯亮。

③按调速器上的"微机方式自动/手动"按钮使"微机自动"灯亮。

④励磁调节器选择他励、恒 U_F 运行方式,合上励磁开关。

⑤把实验台上"同期方式"开关置"断开"位置。

⑥合上系统电压开关和线路开关 QF_1,QF_3,检查系统电压接近额定值 380 V。

⑦合上原动机开关,按"停机/开机"按钮使"开机"灯亮,调速器将自动启动电动机到额定转速。

⑧当机组转速升到 95% 以上时,微机励磁调节器自动将发电机电压建压到与系统电压相等。

(6)观察与分析整步表

①操作调速器上的"增速"或"减速"按钮调整机组转速,记录微机准同期控制器显示的发电机频率和系统频率。观察并记录旋转灯光整步表上灯光旋转方向及旋转速度与频差方向及频差大小的对应关系;观察并记录不同频差方向,不同频差大小时的模拟式整步表的指

针旋转方向及旋转速度、频率平衡表指针的偏转方向及偏转角度大小的对应关系。

②操作励磁调节器上的"增磁"或"减磁"按钮调节发电机端电压,观察并记录不同电压差方向、不同电压差大小时的模拟式电压平衡表指针的偏转方向和偏转角度的大小的对应关系。

③调节转速和电压,观察并记录微机准同期控制器的频差闭锁、压差闭锁、相差闭锁灯亮灭规律。

(7)停机

当同步发电机与系统解列之后,按调速器的"停机/开机"按钮使"停机"灯亮,即可自动停机,当机组转速降到85%以下时,微机励磁调节器自动逆变灭磁。待机组停稳后断开原动机开关,跳开励磁开关以及线路和无穷大电源开关。

切断操作电源开关。

4.实验报告要求

①比较不同开机方式的优缺点。
②比较两种励磁的优缺点。
③比较3种同期方式下的优缺点。

5.思考题

①在微机手动开机方式中,为何通过增、减速按钮可达到改变发电机转速的目的?
②并网的前提条件有哪些?

第 **5** 章
同步发电机准同期并列运行实验

1. 实验目的

①加深理解同步发电机准同期并列原理,掌握准同期并列条件。
②掌握微机准同期控制器的使用方法。
③熟悉同步发电机准同期并列过程。
④观察、分析有关波形。

2. 实验原理

将同步发电机并入电力系统的合闸操作通常采用准同期并列方式,而准同期并列又需要在合闸前准确调整待并机组的转速和电压,即主要观察两波形间的频率差、相角差以及电压幅值差。根据机组投入电力系统后能被迅速拉入同步时的自动化程度的不同,又可分为手动准同期、半自动准同期和全自动准同期3种方式。

手动准同期并列,应在正弦整步电压的最低点(同相点)时合闸,考虑到断路器的固有合闸时间,实际发出合闸命令的时刻应提前一个相应的时间或角度。

自动准同期并列时准同期控制器根据给定的允许压差和允许频差,不断地检查准同期条件是否满足,在不满足要求时闭锁合闸并且发出均压均频控制脉冲。当所有条件均满足时,在整定越前时刻送出合闸脉冲。

3. 实验内容与步骤

①按照第 4 章的步骤(5)及步骤(6)进行开机及观察现象的实验。

②同期方式并网。

A. 手动准同期。

a. 按准同期并列条件合闸。将"同期方式"转换开关置于"手动"位置。在这种情况下,要满足并列条件,需要手动分别调节发电机电压、频率,直至电压差、频差在允许范围内,相角差在零度前某一合适位置时,手动操作合闸按钮进行合闸。

观察微机准同期控制器上显示的发电机电压和系统电压,相应操作微机励磁调节器上的"增磁"或"减磁"按钮进行调压,直至"压差闭锁"灯熄灭。

观察微机准同期控制器上显示的发电机频率和系统频率,相应操作微机调速器上的"增速"或"减速"按钮进行调速,直至"频差闭锁"灯熄灭。

此时表示压差、频差均满足条件,观察整步表上旋转灯位置,当旋转至 0°位置前某一合适时刻时,即可合闸。观察并记录合闸时的冲击电流。

具体实验步骤如下:

● 检查调速器上"模拟调节"电位器指针是否指在"0"位置,如不在则应调到"0"位置。

· 合上操作电源开关,检查实验台上各开关状态:各开关信号灯应绿灯亮、红灯熄。调速器面板上数码管显示发电机频率,调速器上"微机正常"灯和"电源正常"灯亮。

· 将调速器上的"模拟方式"按钮按下,使"模拟方式"灯亮。

· 缓慢调节"模拟调节"电位器指针,使原动机转速达到其额定值。

· 励磁调节器在选择"手动励磁"开关之前需要检查手动励磁调压器是否在"0"位置,如不在应调到"0"位置,再合上励磁开关。

· 缓慢调节手动励磁调压器,使发电机电压达到 380 V,并维持原动机转速为其额定值。

· 合上系统电压开关和线路开关 QF_1,QF_3,检查系统电压接近额定值 380 V。

· 选择实验台上"同期方式"为"手动同期"挡。

· 观测同期表,其频差、压差和相差指针在中间平衡位置时合上"发电机开关"按钮。

b. 偏离准同期并列条件合闸。本实验项目仅限于实验室进行,不得在电厂机组上使用。实验分别在单独一种并列条件不满足的情况下合闸,记录功率表冲击情况。

具体实验步骤如下:

● 检查调速器上"模拟调节"电位器指针是否指在"0"位置,如不在则应调到"0"位置。

· 合上操作电源开关,检查实验台上各开关状态:各开关信号灯应绿灯亮、红灯熄。调速器面板上数码管显示发电机频率,调速器上"并网"灯和"微机故障"灯均为熄灭状态。

· 将调速器上的"模拟方式"按钮按下,使"模拟方式"灯亮。

- 缓慢调节"模拟调节"电位器指针,使原动机转速达到其额定值。
- 励磁调节器在选择"手动励磁"开关之前需要检查手动励磁调压器是否在"0"位置,如不在应调到"0"位置,再合上励磁开关。
- 缓慢调节手动励磁调压器,使发电机电压达到 380 V,并维持原动机转速为其额定值。
- 合上系统电压开关和线路开关 QF$_1$,QF$_3$,检查系统电压接近额定值 380 V。
- 选择实验台上"同期方式"为"手动同期"挡。
- 观测同期表,按以下 3 种情况实验并记录数据填入表 5.1。

电压差、相角差条件满足,频率差不满足,在 $f_F > f_X$ 和 $f_F < f_X$ 时手动合闸,观察并记录实验台上有功功率表 P 和无功功率表 Q 指针偏转方向及偏转角度大小,分别填入表 5.1(注意:频率差不要大于 0.5 Hz)。

频率差、相角差条件满足,电压差不满足,在 $V_F > V_X$ 和 $V_F < V_X$ 时手动合闸,观察并记录实验台上有功功率表 P 和无功功率表 Q 指针偏转方向及偏转角度大小,分别填入表 5.1(注意:电压差不要大于额定电压的 10%)。

频率差、电压差条件满足,相角差不满足,顺时针旋转和逆时针旋转时手动合闸,观察并记录实验台上有功功率表 P 和无功功率表 Q 指针偏转方向及偏转角度大小,分别填入表 5.1(注意:相角差不要大于 30°)。

表 5.1　手动同期方式测量数据表

	$f_F > f_X$	$f_F < f_X$	$V_F > V_X$	$V_F < V_X$	顺时针	逆时针
P/kW						
$Q/(kV \cdot A)$						

注:有功功率 P 和无功功率 Q 也可以通过微机励磁调节器的显示观察。

B. 半自动准同期。

将"同期方式"转换开关置于"半自动"位置,按下准同期控制器上的"同期"按钮即向准同期控制器发出同期并列命令,此时,同期命令指示灯亮,微机正常灯闪烁加快。准同期控制器将给出相应操作指示信息,实验人员可以按这个指示进行相应操作。调速调压方法同手动准同期。

当压差、频差条件满足时,整步表上旋转灯光旋转至接近 0°位置时,整步表圆盘中心灯亮,表示全部条件满足,准同期控制器会自动发出合闸命令,"合闸出口"灯亮,随后 DL 灯亮,表示已经合闸。同期命令指示灯灭,微机正常灯恢复正常闪烁,进入待命状态。

具体实验步骤如下:

- 检查调速器上"模拟调节"电位器指针是否指在"0"位置,如不在则应调到"0"位置。
- 合上操作电源开关,检查实验台上各开关状态。各开关信号灯应绿灯亮、红灯灭。调速器面板上数码管显示发电机频率,调速器上"微机正常"灯和"电源正常"灯亮。

· 将调速器上的"微机方式自动/手动"按钮按下,即微机手动方式开机,调速器面板上"微机手动"灯亮。

· 按住"增速"按钮,使原动机转速达到其额定值(按住"增速"或"减速"按钮5 s钟内微机会自动增、减速)。

· 励磁调节器在选择"手动励磁"开关之前需要检查手动励磁调压器是否在"0"位置,如不在应调在"0"位置,再合上励磁开关。

· 缓慢调节手动励磁调压器,使发电机电压达到380 V,并维持原动机转速为其额定值。

· 合上系统电压开关和线路开关 QF_1、QF_3,检查系统电压接近额定值380 V。

· 选择实验台上"同期方式"为"手动同期"挡。

· 观测同期表,其频差、压差和相差指针在中间平衡位置时合上"发电机开关"按钮。

C. 全自动准同期。

将"同期方式"转换开关置于"全自动"位置;按下准同期控制器的"同期"按钮,同期命令指示灯亮,微机正常灯闪烁加快。此时,微机准同期控制器将自动进行均压、均频控制并检测合闸条件,一旦合闸条件满足即发出合闸命令。

在全自动过程中,观察当"升速"或"降速"命令指示灯亮时,调速器上有什么反应;当"升压"或"降压"命令指示灯亮时,微机励磁调节器上有什么反应。当一次合闸过程完毕,控制器会自动解除合闸命令,避免二次合闸;此时同期命令指示灯灭,微机正常灯恢复正常闪烁。

具体实验步骤如下:

· 检查调速器上"模拟调节"电位器指针是否指在"0"位置,如不在则应调到"0"位置。

· 合上操作电源开关,检查实验台上各开关状态:各开关信号灯应绿灯亮、红灯灭。调速器面板上数码管显示发电机频率,调速器上"微机正常"灯和"电源正常"灯亮。

· 将调速器上的"模拟方式"和"微机方式自动/手动"按钮松开,使"微机自动"灯亮。

· 按下"停机/开机"按钮,此时控制量开始缓慢增加,直至原动机转速达到额定值。

· 励磁调节器选择"微机他励"方式,励磁调节器选择恒 U_F 方式,再合上励磁开关。

· 调节"增磁"/"减磁"按钮使数码显示管上 U_g 参数为380,松开"灭磁"按钮,使发电机电压达到380 V。

· 合上系统电压开关和线路开关 QF_1、QF_3,检查系统电压接近额定值380 V。

· 选择实验台上"同期方式"为"微机全自动同期"挡。

· 调节"同期开关时间"与微机同期装置中的时间整定相同,然后按下"同期命令"按钮,等待微机自动并网。

D. 准同期条件的整定。

按"参数设置"按钮,使"参数设置"灯亮,进入参数设置状态(再按一下"参数设置"按钮,即可使"参数设置"灯灭退出参数设置状态),共显示 8 个参数,可供修改的参数共有 7 个,即开关时间、频差允许值、压差允许值、均压脉冲周期、均压脉冲宽度、均频脉冲周期、均频脉冲宽度。另第 8 个参数是实测上一次开关合闸时间,单位为 ms。以上 7 个参数按"参数选择"按钮可循环出现,按上三角或下三角按钮可改变其大小。改变某些参数来重复做一下全自动同期(参数整定参见附录 3)。

　　a. 整定频差允许值 $\Delta f = 0.3$ Hz,压差允许值 $\Delta U = 3$ V,超前时间 $t_{yq} = 0.1$ s,通过改变实际开关动作时间,即整定"同期开关时间"的时间继电器,重复进行全自动准同期实验,观察在不同开关时间 t_{yq} 下并列过程有何差异,并记录三相冲击电流中最大的一相的电流值 I_m,填入表 5.2。

表 5.2　准同期方式下开关时间不同时测量数据表

整定同期开关时间/s	0.1	0.2	0.3	0.4
实测开关时间/s				
冲击电流 I_m/A				

　　据此估算出开关操作回路固有时间的大致范围,根据上一次开关的实测合闸时间,整定同期装置的越前时间。在此状态下,观察并列过程时冲击电流的大小。

　　b. 改变频差允许值 Δf,重复进行全自动准同期实验,观察在不同频差允许值下并列过程有何差异,并记录三相冲击电流中最大的一相的电流值 I_m,填入表 5.3。

　　注:此实验微机调速器工作在微机上须采用手动方式。

表 5.3　准同期方式下频差不同时测量数据表

频差允许值 Δf/Hz	0.4	0.3	0.2	0.1
冲击电流 I_m/A				

　　c. 改变压差允许值 ΔV,重复进行全自动准同期实验,观察在不同压差允许值下并列过程有何差异,并记录三相冲击电流中最大的一相的电流值 I_m,填入表 5.4。

表 5.4　准同期方式下压差时间不同时测量数据表

压差允许值 ΔV/V	5	4	3	2
冲击电流 I_m/A				

注意事项:

①手动合闸时,仔细观察整步表上的旋转灯,在旋转灯接近0°位置之前某一时刻合闸。

②当面板上的指示灯、数码管显示都停滞不动时,此时微机准同期控制器处于"死机"状态,按一下"复位"按钮可使微机准同期控制器恢复正常。

③微机自动励磁调节器上的增减磁按钮按键只持续5 s内有效,过了5 s后如还需调节,则松开按钮,重新按下。

④在做3种同期切换方式时,做完一项后,需做另一项时,断开断路器开关,然后选择"同期方式"转换开关。

4. 实验报告要求

①比较手动准同期和自动准同期的调整并列过程。

②分析合闸冲击电流的大小与哪些因素有关。

③允许频率f_{aL}及开关时间t_{ad}的整定原则是什么?

5. 思考题

①相序不对(如系统侧相序为A、B、C,而发电机侧相序为A、C、B),能否并列? 为什么?

②电压互感器的极性如果有一侧(系统侧或发电机侧)接反,会有何结果?

③准同期并列与自同期并列,在本质上有何差别? 如果在这套机组上实验自同期并列,应如何操作?

④合闸冲击电流的大小与哪些因素有关? 频率差变化或电压差变化时,正弦整步电压的变化规律如何?

第 **6** 章

同步发电机励磁控制实验

1. 实验目的

①加深理解同步发电机励磁调节原理和励磁控制系统的基本任务。

②了解自并励励磁方式和他励励磁方式的特点。

③熟悉三相全控桥整流、逆变的工作波形；观察触发脉冲及其相位移动。

④了解微机励磁调节器的基本控制方式。

⑤了解电力系统稳定器的作用；观察强励现象及其对稳定的影响。

⑥了解几种常用励磁限制器的作用。

2. 实验原理

同步发电机的励磁系统由励磁功率单元和励磁调节器两部分组成，它们和同步发电机结合在一起就构成一个闭环反馈控制系统，称为励磁控制系统。励磁控制系统的三大基本任务是：稳定电压、合理分配无功功率和提高电力系统稳定性。

实验用的励磁控制系统示意图如图6.1所示。同步发电机并入电力系统之前，励磁调节装置能维持机端电压在给定水平。当操作励磁调节器的增减磁按钮时，可以升高或降低发电机电压；当发电机并网运行时，操作励磁调节器的增减磁按钮，可以增加或减少发电机的无功输出，使其机端电压按调差特性曲线变化。

实验台上可供选择的励磁方式有两种：自并励和他励。当三相全控桥的交流励磁电源取自发电机机端时，构成自并励励磁系统。而当交流励磁电源取自380 V市电时，构成他励励

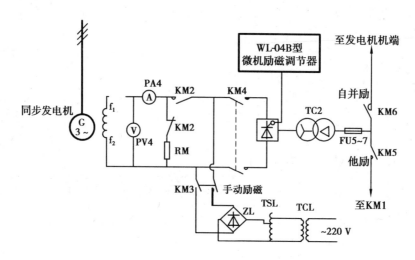

图 6.1　励磁控制系统示意图

磁系统。两种励磁方式的可控整流桥均是由微机自动励磁调节器控制的,触发脉冲为双脉冲,具有最大最小 α 角限制。

其中,微机励磁调节器的控制方式又有 4 种:恒 U_F(保持机端电压稳定)、恒 I_L(保持励磁电流稳定)、恒 Q(保持发电机输出无功功率稳定)和恒 α(保持控制角稳定)。其中,恒 α 方式是一种开环控制方式,只限于在他励方式下使用。

当发电机正常运行时,三相全控桥处于整流状态,控制角 α 小于 90°;当正常停机或事故停机时,调节器使控制角 α 大于 90°,实现逆变灭磁。

3. 实验内容与步骤

(1)不同 α 角(控制角)对应的励磁电压波形观测

①合上操作电源开关,检查实验台上各开关状态:各开关信号灯应绿灯亮、红灯灭。

②励磁系统选择他励励磁方式:操作"励磁方式开关"切到"微机他励"方式,调节器面板"他励"指示灯亮。

③励磁调节器选择恒 α 运行方式:将操作调节器面板上的"恒 α"按钮选择为恒 α 方式,面板上的"恒 α"指示灯亮。

④合上励磁开关,合上原动机开关。

⑤在不启动机组的状态下,松开微机励磁调节器的灭磁按钮,操作增磁按钮或减磁按钮即可逐渐减小或增加控制角 α,从而改变三相全控桥的电压输出及其波形。

注意:微机自动励磁调节器上的增减磁按钮键只在 5 s 内有效,过了 5 s 后如还需要调节,则松开按钮,重新按下。

实验时,调节励磁电流为表 6.1 规定的若干值,记下对应的 α 角(调节器对应的显示参数为"CC"),同时通过接在 U_d+、U_d- 之间的示波器观测全控桥输出电压波形,并由电压波形

估算出 α 角,另外利用数字万用表测出电压 U_{fd} 和 U_{AC},将上述数据记入表6.1,通过 U_{fd},U_{AC} 和数学公式也可计算出一个 α 角来;完成此表后,比较3种途径得出的 α 角有无不同,并分析其原因。

表6.1　不同控制角下的测量数据值

励磁电流 I_{fd}	0.0A	0.5A	1.5A	2.5A
显示控制角 $\alpha/(°)$				
励磁电压 U_{fd}/V				
交流输入电压 U_{AC}/V				
由公式计算的 $\alpha/(°)$				
示波器读出的 $\alpha/(°)$				

(2)同步发电机起励实验

同步发电机的起励有3种:恒 U_F 方式起励,恒 I_L 方式起励和恒 α 方式起励。其中,除了恒 α 方式起励只能在他励方式下有效外,其余两种方式起励都可以分别在他励和自并励两种励磁方式下进行。

恒 U_F 方式起励,现代励磁调节器通常有"设定电压起励"和"跟踪系统电压起励"的两种起励方式。设定电压起励,是指电压设定值由运行人员手动设定,起励后的发电机电压稳定在手动设定的电压水平上;跟踪系统电压起励,是指电压设定值自动跟踪系统电压,人工不能干预,起励后的发电机电压稳定在与系统电压相同的电压水平上,有效跟踪范围为85% ~ 115%额定电压;"跟踪系统电压起励"方式是发电机正常发电运行默认的起励方式,而"设定电压起励"方式通常用于励磁系统的调试实验。

恒 I_L 方式起励,也是一种用于实验的起励方式,其设定值由程序自动设定,人工不能干预,起励后的发电机电压一般为20%额定电压左右;恒 α 方式起励只适用于他励励磁方式,可以做到从零电压或残压开始由人工调节逐渐增加励磁,完成起励建压任务。

①恒 U_F 方式起励步骤。

a. 将"励磁方式开关"切到"微机自励"方式,投入"励磁开关"。

b. 按下"恒 U_F"按钮,选择恒 U_F 控制方式,此时恒 U_F 指示灯亮。

c. 将调节器操作面板上的"灭磁"按钮按下,此时灭磁指示灯亮,表示处于灭磁位置。

d. 启动机组。

e. 当转速接近额定值时(频率≥47 Hz),将"灭磁"按钮松开,发电机起励建压。注意观察在起励时励磁电流和励磁电压的变化(看励磁电流表和电压表)。录波,观察起励曲线,测定起励时间、上升速度、超调、振荡次数、稳定时间等指标,记录起励后的稳态电压和系统电压。

上述这种起励方式是通过手动解除"灭磁"状态完成的,实际上还可以让发电机自动完成起励,其操作步骤如下:

a. 将"励磁方式开关"切到"微机自励"方式,投入"励磁开关"。

b. 按下"恒 U_F"按钮,选择恒 U_F 控制方式,此时恒 U_F 指示灯亮。

c. 使调节器操作面板上的"灭磁"按钮为弹起松开状态(注意,此时灭磁指示灯仍然是亮的)。

d. 启动机组。

e. 注意观察,当发电机转速接近额定值时(频率≥47 Hz),灭磁灯自动熄灭,机组自动起励建压,整个起励过程由机组转速控制,无须人工干预,这就是发电厂机组的正常起励方式。同理,发电机停机时,也可由转速控制逆变灭磁。

改变系统电压,重复起励(无须停机、开机,只需灭磁、解除灭磁),观察记录发电机电压的跟踪精度和有效跟踪范围以及在有效跟踪范围外起励的稳定电压。

按下灭磁按钮并断开励磁开关,将"励磁方式开关"改切到"微机他励"位置,恢复投入"励磁开关"(注意:若改换励磁方式时,必须首先按下灭磁按钮并断开励磁开关! 否则,将可能引起转子过电压,危及励磁系统安全。)。本励磁调节器将他励恒 U_F 运行方式下的起励模式设计成"设定电压起励"方式(这里只是为了实验方便,实际励磁调节器不论何种励磁方式均可有两种恒 U_F 起励方式),起励前允许运行人员手动借助增减磁按钮设定电压给定值,选择范围为 0~110% 额定电压。用灭磁和解除灭磁的方法,重复进行不同设定值的起励实验,观察起励过程,记录设定值和起励后的稳定值。

②恒 I_L 方式起励步骤。

a. 将"励磁方式开关"切到"微机自励"方式或者"微机他励"方式,投入"励磁开关"。

b. 按下"恒 I_L"按钮,选择恒 I_L 控制方式,此时恒 I_L 指示灯亮。

c. 将调节器操作面板上的"灭磁"按钮按下,此时灭磁指示灯亮,表示处于灭磁位置。

d. 启动机组。

e. 当转速接近额定时(频率≥47 Hz),将"灭磁"按钮松开,发电机自动起励建压,记录起励后的稳定电压。起励完成后,操作增减磁按钮可以自由调整发电机电压。

③恒 α 方式起励步骤。

a. 将"励磁方式开关"切到"微机他励"方式,投入"励磁开关"。

b. 按下恒 α 按钮,选择恒 α 控制方式,此时恒 α 指示灯亮。

c. 将调节器操作面板上的"灭磁"按钮按下,此时灭磁指示灯亮,表示处于灭磁位置。

d. 启动机组。

e. 当转速接近额定值时(频率≥47 Hz),将"灭磁"按钮松开,然后手动增磁,直到发电机起励建压。

f. 注意比较恒 α 方式起励与前两种起励方式有何不同。

④不同控制方式调节及其相互切换实验。该实验台微机励磁调节器具有恒 U_F,恒 I_L,恒 Q 及恒 α 4 种控制方式,分别具有各自特点,请通过下述实验自行体会和总结。

a. 恒 U_F 方式。选择他励恒 U_F 方式,开机建压不并网,改变机组转速(45 ~ 55 Hz),记录频率与发电机电压、励磁电流、励磁电压、控制角 α 的关系数据,见表 6.2。

表 6.2　恒 U_F 方式下测量数据表

发电机频率/Hz	发电机电压/V	励磁电流/A	励磁电压/V	控制角 α/(°)
45				
46				
47				
48				
49				
50				
51				
52				
53				
54				
55				

b. 恒 I_L 方式。选择他励恒 I_L 方式,开机建压不并网,改变机组转速(45 ~ 55 Hz),记录频率与发电机电压、励磁电流、励磁电压、控制角 α 的关系数据,见表 6.3。

表 6.3　恒 I_L 方式下测量数据值

发电机频率/Hz	发电机电压/V	励磁电流/A	励磁电压/V	控制角 α/(°)
45				
46				
47				
48				
49				
50				

续表

发电机频率/Hz	发电机电压/V	励磁电流/A	励磁电压/V	控制角 α/(°)
51				
52				
53				
54				
55				

c.恒 α 方式。选择他励恒 α 方式,开机建压不并网,改变机组转速(45~55 Hz),记录频率与发电机电压、励磁电流、励磁电压、控制角 α 的关系数据,见表6.4。

表6.4 恒 α 方式下测量数据表

发电机频率/Hz	发电机电压/V	励磁电流/A	励磁电压/V	控制角 α/(°)
45				
46				
47				
48				
49				
50				
51				
52				
53				
54				
55				

d.恒 Q 方式。选择他励恒 U_F 方式,开机建压,并网后选择恒 Q 方式(并网前恒 Q 方式无效,调节器拒绝接受恒 Q 命令),带一定的有功、无功负荷后,记录系统电压为380 V时发电机的初始状态,注意在方式切换时,要在此状态下进行。改变系统电压,记录系统电压与发电机电压、发电机电流、励磁电流、控制角 α、有功功率、无功功率的关系数据,见表6.5。

表 6.5　恒 Q 方式下测量数据表

系统电压/V	发电机电压/V	发电机电流/A	励磁电流/A	控制角 α/(°)	有功功率/W	无功功率/W
380						
370						
360						
350						
390						
400						
410						

将系统电压恢复到 380 V,励磁调节器控制方式选择为恒 U_F 方式,改变系统电压,记录系统电压与发电机电压、发电机电流、励磁电流、控制角 α、有功功率、无功功率的关系数据,见表 6.6。

表 6.6　恒 U_F 方式下改变系统电压时测量数据表

系统电压/V	发电机电压/V	发电机电流/A	励磁电流/A	控制角 α/(°)	有功功率/W	无功功率/W
380						
370						
360						
350						
390						
400						
410						

将系统电压恢复到 380 V,励磁调节器控制方式选择为恒 I_L 方式,改变系统电压,记录系统电压与发电机电压、发电机电流、励磁电流、控制角 α、有功功率、无功功率的关系数据,见表 6.7。

表 6.7　恒 I_L 方式下改变系统电压时测量数据表

系统电压/V	发电机电压/V	发电机电流/A	励磁电流/A	控制角 α/(°)	有功功率/W	无功功率/W
380						
370						
360						
350						
390						
400						
410						

将系统电压恢复到 380 V,励磁调节器控制方式选择为恒 α 方式,改变系统电压,记录系统电压与发电机电压、励磁电流、控制角 α,无功功率的关系数据,见表6.8。

表 6.8　恒 α 方式下改变系统电压时测量数据表

系统电压/V	发电机电压/V	发电机电流/A	励磁电流/A	控制角 α/(°)	有功功率/W	无功功率/W
380						
370						
360						
350						
390						
400						
410						

注意:4 种控制方式相互切换时,切换前后运行工作点应重合。

e.负荷调节。调节调速器的增速减速按钮,可以调节发电机输出有功功率,调节励磁调节器的增减磁按钮,可以调节发电机输出的无功功率。由于输电线路比较长,当有功功率增到额定值时,功率角较大(与电厂机组相比),必要时投入双回线;当无功功率到额定值时,线路两端电压降落较大,但由于发电机电压具有上限值,所以需要降低系统电压来使无功功率上升,必要时投入双回线。记录发电机额定运行时的励磁电流、励磁电压和控制角填入表6.9中。

将有功、无功减到零值作空载运行,记录发电机空载运行时的励磁电流、励磁电压和控制角 α。了解额定控制角和空载控制角的大致度数,了解空载励磁电流和额定励磁电流的大致比值。

表 6.9　负荷调节实验数据表

发电机状态	励磁电流/A	励磁电压/V	控制角 α/(°)
空载			
50% 负载			
额定负载			

(3)逆变灭磁和跳灭磁开关灭磁实验

灭磁是励磁系统保护不可或缺的部分。由于发电机转子是一个大电感,当正常或故障停机时,转子中储存的能量必须泄放,该能量泄放的过程就是灭磁过程。灭磁只能在同步发电机非并网运行状态下进行(发电机并网状态灭磁将会导致失去同步,造成转子异步运行,产生感性过电压,危及转子绝缘)。三相全控桥当触发控制角大于 90°时,将工作在逆变状态下。本实验的逆变灭磁就是利用全控桥的这个特点来完成的。

①逆变灭磁步骤。

a. 选择"微机自励"方式或者"微机他励"方式,励磁控制方式采用"恒 U_F"。

b. 启动机组,投入励磁并起励建压、增磁,使同步发电机进入空载额定运行。

c. 按下"灭磁"按钮,灭磁指示灯亮,发电机执行逆变灭磁命令,注意观察励磁电流表和励磁电压表的变化以及励磁电压波形的变化。

②跳灭磁开关灭磁实验步骤。

a. 选择"微机自励"方式或者"微机他励"方式,励磁控制方式采用"恒 Uf"。

b. 启动机组,投入励磁并起励建压、增磁,使同步发电机进入空载额定运行。

c. 直接按下"励磁开关"绿色按钮,跳开励磁开关,注意观察励磁电流表和励磁电压表的变化。

4. 实验报告要求

①分析比较各种励磁方式和各种控制方式对电力系统安全运行的影响。

②比较各项的实验数据,分析其产生的原因。

5. 思考题

①三相可控桥对触发脉冲有什么要求？

②为什么在恒 α 方式下,必须手动"增磁"才能起励建压?

③比较恒 U_F 方式起励、恒 I_L 方式起励和恒 α 方式起励有何不同?

第7章
单机—无穷大系统稳态运行方式实验

1. 实验目的

①了解和掌握对称稳定情况下,输电系统的各种运行状态与运行参数的数值变化范围。

②了解和掌握输电系统稳态不对称运行的条件;不对称度运行参数的影响;不对称运行对发电机的影响等。

2. 实验原理

电力系统稳态对称和不对称运行分析,除了包含许多理论概念之外,还有一些重要的"数值概念"。一条不同电压等级的输电线路,在典型运行方式下,用相对值表示的电压损耗、电压降落等的数值范围,是用于判断运行报表或监视控制系统测量值是否正确的参数依据。因此,除了通过结合实际的问题,掌握此类"数值概念"外,实验也是一条很好的、更为直观、易于形成深刻记忆的手段之一。实验用一次系统接线图如图7.1所示。

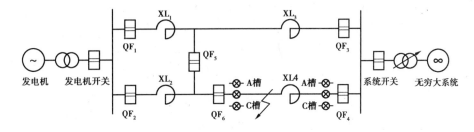

图7.1 一次系统接线图

本实验系统是一种物理模型。原动机采用直流电动机来模拟,当然,它们的特性与大型原动机是不相似的。原动机输出功率的大小,可通过给定直流电动机的电枢电压来调节。实验系统用标准小型三相同步发电机来模拟电力系统的同步发电机,虽然其参数不能与大型发电机相似,但也可以看成是一种具有特殊参数的电力系统的发电机。发电机的励磁系统可以用外加直流电源通过手动来调节,也可以切换到台上的微机励磁调节器来实现自动调节。实验台的输电线路是由用多个接成链型的电抗线圈来模拟的,其电抗值满足相似条件。"无穷大"母线就直接用实验室的交流电源,因为它是由实际电力系统供电的,因此,它基本上符合"无穷大"母线的条件。

为了进行测量,实验台设置了测量系统,以测量各种电量(电流、电压、功率、频率)。为了测量发电机转子与系统的相对位置角(功率角),在发电机轴上装设了闪光测角装置。此外,台上还设置了模拟短路故障等控制设备。

3. 实验内容与步骤

(1)单回路稳态对称运行实验

在实验中,原动机采用手动模拟方式开机,励磁采用手动励磁方式,然后启机、建压、并网后调整发电机电压和原动机功率,使输电系统处于不同的运行状态(输送功率的大小,线路首、末端电压的差别等),观察记录线路首、末端的测量表计值及线路开关站的电压值,计算、分析、比较运行状态不同时,运行参数变化的特点及数值范围,如电压损耗、电压降落、沿线电压变化、两端无功功率的方向(根据沿线电压大小比较判断)等。

同步发电机并网后单回路稳态运行时,在同步发电机输出功率为0%、30%、60%、80%额定有功功率,无功功率为0%、30%、60%、80%额定无功功率时(若无功功率加不到对应值,可通过降低系统电压的方式),记录发电机电流、发电机电压、中间开关站电压和系统电压,并计算输电线路的电压损耗和输电线路的电压降落于表7.1中。

表7.1　单回路稳态运行方式下测量数据表

	P	Q	I	U_F	U_Z	U_S	ΔU	$\Delta \dot{U}$
单回路								

注:U_Z——中间开关站电压;

　　ΔU——输电线路的电压损耗;

　　$\Delta \dot{U}$——输电线路的电压降落。

(2)双回路对称运行与单回路对称运行比较实验

按步骤(1)的方法进行本步骤的操作,只是将原来的单回线路改成双回路运行。将步骤(1)的结果与步骤(2)进行比较和分析。记录各个数据于表7.2中。

表7.2　双回路稳态运行方式下测量数据表

	P	Q	I	U_F	U_Z	U_S	ΔU	$\Delta \dot{U}$
双回路								

(3)单回路稳态非全相运行实验

确定实现非全相运行的接线方式,断开一相时,与单回路稳态对称运行时相同的输送功率下比较其运行状态的变化。

具体操作方法如下:

①首先按双回路对称运行的接线方式(不含 QF₅)。

②输送功率按实验1中单回路稳态对称运行的输送功率值一样。

③微机保护定值整定:关闭重合闸动作,即"05"改为"OFF"。

④在故障单元,选择单相故障相。

⑤进行单相短路故障,此时微机保护切除故障相,这时迅速跳开"QF₁""QF₃"开关,即只有一回线路的两相在运行。观察此状态下的三相电流、电压值与实验1进行比较。

⑥故障100″以后,重合闸成功,系统恢复到实验1状态。

分别记录发电机输出功率为500 W、1 000 W时稳态运行时的各种数据于表7.3中的全相运行;当发电机输出功率为500 W时分别记录A、B、C缺相时的各项数据于表7.3中;当发电机输出功率为1 000 W时分别记录A、B、C缺相时的各项数据于表7.3中。

表7.3　单回路稳态及非全相运行方式下测量数据对照表

	U_A	U_B	U_C	I_A	I_B	I_C	P	Q	S
全相运行值									
非全相运行值									

4. 实验报告要求

①整理实验数据,说明单回路送电和双回路送电对电力系统稳定运行的影响,并对实验结果进行理论分析。

②根据不同运行状态的线路首、末端和中间开关站的实验数据,分析、比较运行状态不同时,运行参数变化的特点和变化范围。

③比较非全相运行实验的前、后实验数据,分析输电线路输送功率的变化。

5. 思考题

①影响简单系统静态稳定性的因素是哪些?

②提高电力系统静态稳定有哪些措施?

③何为电压损耗、电压降落?

第 **8** 章
电力系统功率特性和功率极限实验

┉┉┉┉┉┉┉┉┉┉┉┉┉┉┉┉┉┉┉┉┉┉┉┉┉┉┉┉┉┉┉┉┉┉

1. 实验目的

①初步掌握电力系统物理模拟实验的基本方法。

②掌握各种运行方式的功率特性,加深对功率极限的理解。

③掌握各种运行方式的功率特性对系统稳定性的影响,在实验中体会各种提高功率极限措施的作用。

2. 实验原理

所谓简单电力系统,一般是指发电机通过变压器、输电线路与无限大容量母线连接而且不计各元件的电阻和导纳的输电系统。本实验就是针对简单电力系统进行。

①在未加装励磁调节器时,发电机至系统 d 轴和 q 轴总电抗分别为 $X_{d\Sigma}$ 和 $X_{q\Sigma}$,则发电机的功率特性为:

$$P_{Eq} = \frac{E_q U}{X_{d\Sigma}} \sin \delta + \frac{U^2}{2} \times \frac{X_{d\Sigma} - X_{q\Sigma}}{X_{d\Sigma} \cdot X_{q\Sigma}} \sin 2\delta$$

②当发电机装有励磁调节器时,发电机电势 E_q 随运行情况而变化。根据一般励磁调节器的性能,可认为保持发电机 E'_q(或 E')恒定。这时发电机的功率特性可表示为:

$$P'_{Eq} = \frac{E'_q U}{X'_{d\Sigma}} \sin \delta + \frac{U^2}{2} \times \frac{X'_{d\Sigma} - X_{q\Sigma}}{X'_{d\Sigma} \cdot X_{q\Sigma}} \sin 2\delta$$

或 $P'_E = \dfrac{E'_q U}{X'_{d\Sigma}} \sin \delta'$

这时功率极限（即 $\delta' = 90°$ 时）为：

$$P'_{Em} = \frac{E'U}{X_{d\Sigma}}$$

从简单电力系统功率极限的表达式看,提高功率极限可以通过发电机装设性能良好的励磁调节器以提高发电机电势、增加并联运行线路回路数或串联电容补偿等手段以减少系统电抗等手段实现。总之,随着电力系统的发展和扩大,电力系统的稳定性问题更加突出,而提高电力系统稳定性和输送能力的最重要手段之一是尽可能提高电力系统的功率极限。

3. 实验内容与步骤

说明:本实验是对无调节励磁时功率特性和功率极限的测定。

(1) 发电机电势 E_q 不变时功率角的测定

在相同的运行条件下（即系统电压 U_x、发电机电势 E_q 保持不变,即并网前 $U_x = E_q$）,测定输电线单回线运行时,发电机的功-角特性曲线,功率极限值和达到功率极限时的功角值。同时观察并记录系统中其他运行参数（如发电机端电压等）的变化。

实验步骤:

①输电线路为单回线。

②发电机与系统并列后,调节发电机使其输出的有功和无功功率为零。

③功率角指示器调零。

④逐步增加发电机输出的有功功率,而发电机不调节励磁。

⑤观察并记录系统中运行参数的变化,填入表8.1中。

表8.1　发电机电势恒定方式下功率角测量表

δ	0°	10°	20°	30°	40°	50°	60°	70°	80°	90°
P	0									
I_A	0									
U_Z										
U_F										
I_{fd}										
Q	0									

注意:①有功功率应缓慢调节,每次调节后,需等待一段时间,观察系统是否稳定,以取得准确的测量数值。

②当系统失稳时,减小原动机出力,使发电机拉入同步状态。

(2)发电机电势 E_q 不同时功率角的测定

在同一接线及相同的系统电压下,测定发电机电势 E_q 不同时($E_q < U_x$ 或 $E_q > U_x$)发电机的功-角特性曲线和功率极限。

实验步骤:

①输电线为单回线,并网前 $E_q < U_x$。

②发电机与系统并列后,调节发电机使其输出有功功率为零。

③逐步增加发电机输出的有功功率,而发电机不调节励磁。

④观察并记录系统中运行参数的变化,填入表8.2 中。

⑤输电线为单回线,并网前 $E_q > U_x$,重复上述步骤,填入表8.3 中。

表 8.2　单回线方式下功率角测量表(并网前 $E_q < U_x$)

δ	0°	10°	20°	30°	40°	50°	60°	70°	80°	90°
P	0									
I_A	0									
U_Z										
U_F										
I_{fd}										
Q	0^-									

表 8.3　单回线方式下功率角测量表(并网前 $E_q > U_x$)

δ	0°	10°	20°	30°	40°	50°	60°	70°	80°	90°
P	0									
I_A	0									
U_Z										
U_F										
I_{fd}										
Q	0^+									

4. 实验报告要求

①根据实验装置给出的参数以及实验中的原始运行条件,并进行理论计算。将计算结果与实验结果进行比较。

②认真整理实验记录,通过实验记录分析的结果对功率极限的原理进行阐述。同时对理论计算和实验记录进行对比,说明产生误差的原因。并作出 $U_z(\delta),P(\delta)Q(\delta)$ 特性曲线,对其进行描述。

③分析、比较各种运行方式下发电机的功-角特性曲线和功率极限。

5. 思考题

①功率角指示器的原理是什么?如何调节其零点?当日光灯供电的相发生改变时,所得的功角值发生什么变化?

②多机系统的输送功率与功角 δ 的关系和简单系统的功-角特性有什么区别?

第**9**章

电力系统静态稳定实验

1. 实验目的

①进一步认识功率极限对电力系统静态稳定性的影响。
②掌握运行方式对电力系统静态稳定的影响。
③掌握励磁调节对电力系统静态稳定的影响。

2. 实验原理

①功率极限对电力系统静态稳定的影响实验。
②运行方式对电力系统静态稳定的影响实验。
③励磁调节对电力系统静态稳定的影响实验。

3. 实验内容与步骤

(1)发电机电压变化对静态稳定极限的影响实验(见第8章)

(2)运行方式(即网络结构变化改变 X)对系统静态稳定的影响

①无调节励磁时功率特性和功率极限的测定。在相同的运行条件下(即系统电压 U_x、发电机电势 E_q 保持不变,即并网前 $U_x = E_q$),测定输电线单回线和双回线运行时,发电机的功-角特性曲线,功率极限值和达到功率极限时的功角值。同时观察并记录系统中其他运行参数

(如发电机端电压等)的变化。将两种情况下的结果加以比较和分析。

实验步骤:

a. 输电线路为单回线。

b. 发电机与系统并列后,调节发电机使其输出的有功和无功功率为零。

c. 功率角指示器调零。

d. 逐步增加发电机输出的有功功率,而发电机不调节励磁。

e. 观察并记录系统中运行参数的变化,填入表9.1中。

f. 输电线路为双回线,重复上述步骤,填入表9.2中。

表9.1 无调节励磁时单回线运行参数测量表

δ	0°	10°	20°	30°	40°	50°	60°	70°	80°	90°
P	0									
I_A	0									
U_Z										
U_F										
I_{fd}										
Q	0									

表9.2 无调节励磁时双回线运行参数测量表

δ	0°	10°	20°	30°	40°	50°	60°	70°	80°	90°
P	0									
I_A	0									
U_Z										
U_F										
I_{fd}										
Q	0									

注意:

a. 有功功率应缓慢调节,每次调节后,需等待一段时间,观察系统是否稳定,以取得准确的测量数值。

b. 当系统失稳时,减小原动机出力,使发电机拉入同步状态。

②励磁调节对电力系统静态稳定的影响实验。

a. 无励磁时,功率特性和功率极限的测定,见实验步骤①。

b. 手动调节励磁时,功率特性和功率极限的测定。给定初始运行方式,在增加发电机有功输出时,手动调节励磁保持发电机端电压恒定,测定发电机的功-角曲线和功率极限,并与无调节励磁时所得的结果比较分析,说明励磁调节对功率特性的影响。

实验步骤:

a. 单回线输电线路。

b. 发电机与系统并列后,使 $P=0$, $Q=0$, $\delta=0$,校正初始值。

c. 逐步增加发电机输出的有功功率,调节发电机励磁,保持发电机端电压恒定或无功输出为零。

d. 观察并记录系统中运行参数的变化,填入表9.3中。

e. 输电线路为双回线,重复上述步骤,填入表9.4中。

表9.3　手动励磁时单回线运行参数测量表

δ	0°	10°	20°	30°	40°	50°	60°	70°	80°	90°
P	0									
I_A	0									
U_Z										
U_F										
I_{fd}										
Q	0									

表9.4　手动励磁时双回线运行参数测量表

δ	0°	10°	20°	30°	40°	50°	60°	70°	80°	90°
P	0									
I_A	0									
U_Z										
U_F										
I_{fd}										
Q	0									

③自动调节励磁时,功率特性和功率极限的测定。将自动调节励磁装置接入发电机励磁系统,测定功率特性和功率极限,并将结果与无调节励磁和手动调节励磁时的结果比较,分析自动励磁调节器的作用。

a. 微机自并励(恒流或恒压控制方式),实验步骤自拟。

b. 输电线路为单回线,重复上述步骤,填入表9.5中。

c. 输电线路为双回线,重复上述步骤,填入表9.6中。

表9.5 微机自并励时单回线运行参数测量表

δ	0°	10°	20°	30°	40°	50°	60°	70°	80°	90°
P	0									
I_A	0									
U_Z										
U_F										
I_{fd}										
Q	0									

表9.6 微机自并励时双回线运行参数测量表

δ	0°	10°	20°	30°	40°	50°	60°	70°	80°	90°
P	0									
I_A	0									
U_Z										
U_F										
I_{fd}										
Q	0									

d. 微机他励(恒流或恒压控制方式),实验步骤自拟。

e. 输电线路为单回线,重复上述步骤,填入表9.7中。

f. 输电线路为双回线,重复上述步骤,填入表9.8中。

表9.7　微机他励时单回线运行参数测量表

δ	0°	10°	20°	30°	40°	50°	60°	70°	80°	90°
P	0									
I_A	0									
U_Z										
U_F										
I_{fd}										
Q	0									

表9.8　微机他励时双回线运行参数测量表

δ	0°	10°	20°	30°	40°	50°	60°	70°	80°	90°
P	0									
I_A	0									
U_Z										
U_F										
I_{fd}										
Q	0									

注意事项：

实验结束后,通过励磁调节使无功输出为零,通过调速器调节使有功输出为零,解列之后按下调速器的停机按钮使发电机转速至零。跳开操作台所有开关之后,方可关断操作台上的操作电源开关。

4. 实验报告要求

①分析比较各种励磁方式和各种接线控制方式对电力系统静态稳定运行的影响。
②比较各项的实验数据,分析其产生的原因。

5. 思考题

①电力系统的静态稳定的概念是什么？

②电力系统静态稳定受哪些因素影响？静态稳定极限与哪些因素有关？

③提高静态稳定极限的措施是什么？

④通过理论计算静态稳定极限,分析理论计算与实验结果误差的原因。

第 **10** 章

电力系统暂态稳定实验

1. 实验目的

①掌握影响电力系统暂态稳定的因素,掌握故障切除时间(角)对电力系统暂态稳定的影响。

②通过实际操作,从实验中观察到系统失步现象和掌握正确处理的措施。

③用数字式记忆示波器测出短路时短路电流的非周期分量波形图,并进行分析。

④掌握提高电力系统暂态稳定的方法。

2. 实验原理

电力系统暂态稳定问题是指电力系统受到较大的扰动之后,各发电机能否继续保持同步运行的问题。在各种扰动中以短路故障的扰动最为严重。

正常运行时发电机功率特性为:$P_1 = (E_o \times U_o) \times \sin \delta_1 / X_1$;

短路运行时发电机功率特性为:$P_2 = (E_o \times U_o) \times \sin \delta_2 / X_2$;

故障切除发电机功率特性为:$P_3 = (E_o \times U_o) \times \sin \delta_3 / X_3$。

对这 3 个公式进行比较,可以知道决定功率特性发生变化与阻抗和功角特性有关。而系统保持稳定条件是切除故障角 δ_c 小于 δ_{max},δ_{max} 可由等面积原则计算出来。本实验就是基于此原理,由于不同短路状态下,系统阻抗 X_2 不同,同时切除故障线路不同也使 X_3 不同,δ_{max} 也不同,使对故障切除的时间要求也不同。

同时,在故障发生时及故障切除通过强励磁增加发电机的电势,使发电机功率特性中 E_o 增加,使 δ_{max} 增加,相应故障切除的时间也可延长;由于电力系统发生瞬间单相接地故障较多,发生瞬间单相故障时采用自动重合闸,使系统进入正常工作状态。这两种方法都有利于提高系统的暂态稳定性。

3. 实验内容与步骤

(1)短路对电力系统暂态稳定的影响

①短路类型对暂态稳定的影响。本实验台通过对操作台上的短路选择按钮的组合可进行单相接地短路,两相相间短路,两相接地短路和三相短路实验。

固定短路地点,短路切除时间和系统运行条件,在发电机经双回线与"无穷大"电网联网运行时,某一回线发生某种类型短路,经一定时间切除故障成单回线运行。短路的切除时间在微机保护装置中设定,同时要设定重合闸是否投切。

在手动励磁方式下通过调速器的增(减)速按钮调节发电机向电网的出力,测定不同短路故障时能保持系统稳定时发电机所能输出的最大功率,并进行比较,分析不同故障类型对暂态稳定的影响。将实验结果与理论分析结果进行分析比较。P_{max}为系统可以稳定输出的功率极限,注意观察有功表的读数,当系统处于振荡临界状态时,记录有功表读数,最大电流读数可以从 YHB-Ⅲ 微机保护装置读出,具体显示为:

GL-×××三相过流值

GA-×××A 相过流值

GB-×××B 相过流值

GC-×××C 相过流值

微机保护装置的整定值代码如下:

01:过流保护动作延迟时间

02:重合闸动作延迟时间

03:过电流整定值

04:过流保护投切选择

05:重合闸投切选择

另外,短路时间 T_D 由面板上"短路时间"继电器整定,具体整定参数见表10.1。

表 10.1　微机整定装置整定代码表

整定值代码	01	02	03	04	05	T_D
整定值	0.5(s)	—	5.00(A)	On	Off	1.0(s)

微机保护装置的整定方法如下:按压"画面切换"按钮,当数码管显示"PA－"时,按压触

摸按钮"＋"或"－"输入密码,待密码输入后,按下按键"△",如果输入密码正确,就会进入整定值修改画面。进入整定值修改画面后,通过"△""▽"先选 01 整定项目,再按压触摸按钮"＋"或"－"选择适当保护动作延迟时间(s);通过"△""▽"选 03 整定项目,再按压触摸按钮"＋"或"－"选择适当过电流保护值;通过"△""▽"选 04 整定项目,再按压触摸按钮"＋"或"－"选择过电流保护投切为 ON;通过"△""▽"选 05 整定项目,再按压触摸按钮"＋"或"－"选择重合闸投切为 OFF(详细操作方法见 WDT-ⅢC 综合自动化试验台使用说明书)。

分别记录在不同系统网络结构下,测定在单相接地短路、两相相间短路、两相接地短路和三相短路不同短路故障时能保持系统稳定时发电机所能输出的最大功率,并进行比较,分析不同故障类型对暂态稳定的影响。分别记录能保持系统稳定时发电机输出的最大功率、最大短路电流于表 10.2,表 10.3,表 10.4,表 10.5。

注:同时按下"＋""－"按钮可以恢复到出厂默认值。

表 10.2　单相接地短路时测量数据表(短路切除时间 $t = 0.5$ s)

QF_1	QF_2	QF_3	QF_4	QF_5	QF_6	P_{max}/W	最大短路电流/A
1	1	1	1	0	1		
0	1	0	1	0	1		
1	1	0	1	1	1		
0	1	1	1	1	1		

注:0—对应线路开关断开状态;1—表示对应线路开关闭合状态。

表 10.3　两相相间短路时测量数据表(短路切除时间 $t = 0.5$ s)

QF_1	QF_2	QF_3	QF_4	QF_5	QF_6	P_{max}/W	最大短路电流/A
1	1	1	1	0	1		
0	1	0	1	0	1		
1	1	0	1	1	1		
0	1	1	1	1	1		

表 10.4　两相接地短路时测量数据表(短路切除时间 $t = 0.5$ s)

QF_1	QF_2	QF_3	QF_4	QF_5	QF_6	P_{max}/W	最大短路电流/A
1	1	1	1	0	1		
0	1	0	1	0	1		

续表

QF$_1$	QF$_2$	QF$_3$	QF$_4$	QF$_5$	QF$_6$	P_{max}/W	最大短路电流/A
1	1	0	1	1	1		
0	1	1	1	1	1		

表 10.5　三相短路时测量数据表(短路切除时间 $t=0.5$ s)

QF$_1$	QF$_2$	QF$_3$	QF$_4$	QF$_5$	QF$_6$	P_{max}/W	最大短路电流/A
1	1	1	1	0	1		
0	1	0	1	0	1		
1	1	0	1	1	1		
0	1	1	1	1	1		

②故障切除时间对暂态稳定的影响。固定短路地点。短路类型和系统运行条件,通过调速器的增速按钮增加发电机向电网的出力,在测定不同故障切除时间能保持系统稳定时发电机所能输出的最大功率,分析故障切除时间对暂态稳定的影响。

分别记录故障切除时间在 0.5 s、1.0 s 和 1.5 s 时,选择单相接地短路、两相相间短路、两相接地短路和三相短路中的一种故障类型,分析不同故障切除时间对暂态稳定的影响。记录能保持系统稳定时发电机输出的最大功率、最大短路电流于表 10.6 中。

一次接线方式:　QF$_1$ = 1　QF$_2$ = 1　QF$_3$ = 1

　　　　　　　　QF$_4$ = 1　QF$_5$ = 0　QF$_6$ = 1

表 10.6　在自选的故障类型下保持系统稳定时测量数据表

过流保护动作时间/s	P_{max}/W	I_{dl} 最大短路电流/A
0.5		
1.0		
1.5		

例:　QF$_1$ = 0　QF$_2$ = 1　QF$_3$ = 1　QF$_4$ = 1　QF$_5$ = 1　QF$_6$ = 1

　　　QF$_1$ = 1　QF$_2$ = 1　QF$_3$ = 0　QF$_4$ = 1　QF$_5$ = 1　QF$_6$ = 1

(2)研究提高暂态稳定的措施

①强行励磁。在微机励磁方式下短路故障发生后,微机将自动投入强励以提高发电机电

势。观察其对提高暂态稳定的作用。

②单相重合闸。在电力系统的故障中大多数是送电线路(特别是架空线路)的"瞬时性"故障,除此之外也有"永久性故障"。

在电力系统中采用重合闸的技术经济效果,主要可归纳如下:

a. 提高供电可靠性。

b. 提高电力系统并列运行的稳定性。

c. 对继电保护误动作而引起的误跳闸,也能起到纠正的作用。

对瞬时性故障,微机保护装置切除故障线路后,经过延时一定时间将自动重合原线路,从而恢复全相供电,提高故障切除后的功率特性。同样通过对操作台上的短路按钮组合,选择不同的故障相。

通过调速器的增(减)速按钮调节发电机向电网的出力,观察它对提高暂态稳定的作用。

其故障的切除时间在微机保护装置中进行修改,同时要设定进行重合闸投切,并设定其重合闸时间。其操作步骤同上,不同的是在 05 整定项目时,按压触摸按钮"＋"或"－"选择重合闸投切 ON,并选 02 整定项目时,按压触摸按钮"＋"或"－"设定重合闸动作延时时间。瞬时故障时间由操作台上的短路时间继电器设定,当瞬时故障时间小于保护动作时间时保护不会动作;当瞬时故障时间大于保护动作时间而小于重合闸时间,能保证重合闸成功,当瞬时故障时间大于重合闸时间,重合闸后则认为线路为永久性故障加速跳开整条线路。

YHB-A 微机线路保护装置(使用说明见附录 4)的各参数代码及设置见表 10.7。

表 10.7　微机线路保护装置参数代码表

整定值代码	01	02	03	04	05	T_D
保护不动作	0.2	1.5	5.00	ON	ON	0.1
重合闸	0.2	1.5	5.00	ON	ON	1.0
永久故障	0.2	1.5	5.00	ON	ON	3.0

注意事项:

①在做单相重合闸实验时,进行单相故障操作的时间应该在接触器合闸 10 s 之后进行,否则,在故障发生时会跳三相,微机保护装置会显示"GL-×××",且不会进行重合闸操作。

②实验结束后,通过励磁装置使无功至零,通过调速器使有功至零,解列之后按下调速器的停机按钮使发电机转速至零。跳开操作台所有开关之后,方可关断操作台上的电源开关,并断开其他电源开关。

③对失步处理的方法如下:通过励磁调节器增磁按钮,使发电机的电压增大;如系统没处于短路状态,且线路有处于断开状态的,可并入该线路减小系统阻抗;通过调速器的减速按钮减小原动机的输入功率。

4. 实验报告要求

①整理不同短路类型下获得的实验数据,通过对比,对不同短路类型进行定性分析,详细说明不同短路类型和短路点对系统暂态稳定性的影响。

②通过实验中观察到的现象,说明两种提高暂态稳定的措施对系统暂态稳定性作用机理。

5. 思考题

①什么是电力系统暂态稳定? 暂态稳定极限和哪些因素有关?

②用实验结果说明故障切除时间(角)对系统暂态稳定性的影响。

③提高电力系统暂态稳定的措施有哪些?

④自动重合闸装置对系统暂态稳定的影响是什么?

第11章

无穷大系统操作与负荷投入实验

1. 实验目的

①了解输电系统的网络结构。

②通过实际操作,观察不同网络结构下电流和电压的分布。

2. 实验原理

所谓无穷大电源可以看作是内阻抗为零,频率、电压以及相位都恒定不变的一台同步发电机。在本实验系统中是将交流380 V市电经20 kV·A自耦调压器,通过监控台输电线路与实验用的同步发电机构成"一机—无穷大"或"多机(本台最多可接七机)—无穷大"的电力系统。

"PS-7G电力系统微机监控实验台"是将7台"WDT-ⅢC电力系统综合自动化实验台"的发电机组及其控制设备作为各个电源单元组成一个多机系统可变环型网络。

A站、B站相连通过双回400 km长距离线路将功率送入无穷大系统,也可将母联断开分别输送功率。在距离100 km的中间站的母线MF经联络变压器与220 kV母线MD相连,D站在轻负荷时向系统输送功率,而当重负荷时则从系统吸收功率(当两组大小不同的A、B负荷同时投入时)从而改变潮流方向。

C站,一方面经70 km短距离线路与B站相连,另一方面与E站并联经200 km中距离线路与无穷大母线MG相连,本站还有地方负荷。F站与E站在同一母线上,G站不经过线路直接与无穷大系统相连。

此电力网是具有多个节点的环形电力网,通过投切线路,能灵活的改变接线方式,如切除 XL_C 线路,电力网则变成了一个辐射形网络,如切除 XL_F 线路,则 C 站、E 站要经过长距离线路向系统输送功率,如 XL_C、XL_F 线路都断开,则电力网变成了 T 型网络等。

多机系统网络结构图,如图 11.1 所示。

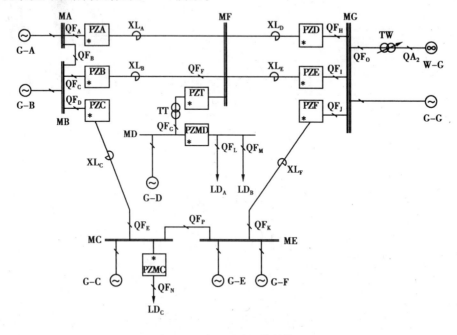

图 11.1　多机系统网络结构图

3. 实验内容与步骤

①合上动力电源空开,投入无穷大电源,将线电压加到 380 V(单相 220 V)。

②合上 QF_A、QF_B、QF_C、QF_D、QF_E、QF_F、QF_H、QF_I、QF_J、QF_P、QF_K 开关,形成一个环型网络。

③记录各点电压与电流于表 11.1。

④合上 LD_C 开关,投入第 1 组负载,记录各点数据于表 11.2。

⑤合上 QF_G、LD_A,投入第 2 组负载,记录各点数据表 11.3。

⑥LD_B 负荷的性质可以通过后台的开关切换(纯电阻负荷、感性负荷、纯电感负荷),选择不同性质的负荷,合上 LD_A 开关,投入第 3 组负载,记录各点数据于表 11.4、表 11.5、表 11.6。

⑦对各组数据进行分析。

表 11.1　不带负荷条件下环网运行测量参数表

	XL_D	XL_E	MD	XL_A	XL_B	XL_C	MC	XL_C	联络变压器
U/V									
I/A									
P/W									
Q/Var									
$\cos/(°)$									

表 11.2　带第 1 组负荷条件下环网运行测量参数表

	XL_D	XL_E	MD	XL_A	XL_B	XL_C	MC	XL_C	联络变压器
U/V									
I/A									
P/W									
Q/Var									
$\cos/(°)$									

表 11.3　带第 2 组负荷条件下环网运行测量参数表

	XL_D	XL_E	MD	XL_A	XL_B	XL_C	MC	XL_C	联络变压器
U/V									
I/A									
P/W									
Q/Var									
$\cos/(°)$									

表 11.4　带第 3 组负荷（XLA：纯电阻负荷）条件下环网运行测量参数表

	XL$_D$	XL$_E$	MD	XL$_A$	XL$_B$	XL$_C$	MC	XL$_C$	联络变压器
U/V									
I/A									
P/W									
Q/Var									
cos/(°)									

表 11.5　带第 3 组负荷（XLA：感性负荷）条件下环网运行测量参数表

	XL$_D$	XL$_E$	MD	XL$_A$	XL$_B$	XL$_C$	MC	XL$_C$	联络变压器
U/V									
I/A									
P/W									
Q/Var									
cos/(°)									

表 11.6　带第 3 组负荷（XLA：纯电感负荷）条件下环网运行测量参数表

	XL$_D$	XL$_E$	MD	XL$_A$	XL$_B$	XL$_C$	MC	XL$_C$	联络变压器
U/V									
I/A									
P/W									
Q/Var									
cos/(°)									

4. 实验报告要求

整理实验数据,分析实验结果,包括电压压降、电流分流以及不同性质负荷情况下的有功、无功和相位角变化。

5. 思考题

怎样在 PS-7G 实验台上实现不同的网络结构?

第12章
单机带负荷实验

1. 实验目的

①了解和掌握单机带负荷运行方式的特点。

②了解在单机带负荷运行方式下原动机的转速和功角与单机无穷大系统方式下有什么不同。

③通过独立电力网与大电力系统的分析比较实验,进一步理解系统稳定概念。

2. 实验原理

单机带负荷运行方式与单机对无穷大系统运行方式是截然不同的概念,单机对无穷大系统在稳定运行时,发电机的频率与无穷大频率一样,它是受大系统的频率牵制。随系统的频率变化而变化,发电机的容量只占无穷大系统容量的很小一部分。而单机带负荷是一个独立电力网。发电机是唯一电源,任何负荷的投切都会引起发电机的频率和电压变化(原动机的调速器,发电机的励磁调节器均为有差调节)。此时,也可以通过二次调节将发电机的频率和电压调至额定值。可以通过理论计算和实验分析比较独立电力网与大电力系统的稳定问题。

3. 实验内容与步骤

①选择一台 WDT-ⅢC 实验台(如 A),以自动方式开机,选择他励或其他方式建压。注

意:WDT-ⅢC 实验台的系统开关、QF_1、QF_2、QF_3、QF_4、QF_5、QF_6 都断开。

②合上 PS-7G 操作电源开关,不合动力电源空气开关以及无穷大系统开关(避免实验中非同期并网)。

③将 PS-7G 上的 LD_B 负荷切换为纯电阻负荷(台后操作面板上)。

④依次合上 WDT-ⅢC 实验台发电机开关,PS-7G 上的 QF_B、QF_C、QF_F、QF_G、LD_B 开关,给负荷送电,观察发电机频率和发电机电压,记录该数据于表 12.1,稳定过后记录其他数据。

⑤断开 LD_B 开关,将 LD_B 负荷切换到感性负荷,再合上 LD_B 开关,记录数据于表 12.1。

⑥断开 LD_B 开关,将 LD_B 负荷切换到纯电感负荷,再合上 LD_B 开关,记录数据于表 12.1。

表 12.1 单机带负荷数据表

	发电机频率/Hz	发电机电压/V	I/A	P/W	Q/Var	$\cos\varphi$/(°)
纯电阻						
感性						
纯电感						

4. 实验报告要求

①记录实验数据,分析实验结果。
②分析发电机在带不同负荷下有什么不同。

5. 思考题

①单机带负荷与单机无穷大系统有什么不同?
②在单机带负荷方式下,在相同的负荷条件下,调速器在手动方式和自动方式时转速有何不同?为什么?

第**13**章
复杂电力系统运行方式实验

1. 实验目的

①了解和掌握对称稳定情况下,输电系统的网络结构和各种运行状态与运行参数值变化范围。

②理论计算和实验分析,掌握电力系统潮流分布的概念。

③加深对电力系统暂态稳定内容的理解,使课堂理论教学与实践相结合,提高感性认识。

2. 实验原理

现代电力系统电压等级越来越高,系统容量越来越大,网络结构也越来越复杂。仅用单机对无穷大系统模型来研究电力系统,不能全面反映电力系统物理特性,如网络结构的变化、潮流分布、多台发电机并列运行等。

"PS-7G 电力系统微机监控实验台"是将 7 台"WDT-ⅢC 电力系统综合自动化实验台"的发电机组及其控制设备作为各个电源单元组成一个可变环型网络,如第 2 章图 2.2 所示。

此电力系统主网按 500 kV 电压等级来模拟,MD 母线为 220 kV 电压等级,每台发电机按 600 MW 机组来模拟,无穷大电源短路容量为 6 000 MVA(注:网络结构在第 2 章已经详细阐述,本章不再介绍)。

在不改变网络主结构的前提下,通过分别改变发电机有功、无功来改变潮流的分布,可以通过投、切负荷改变电力网潮流的分布,也可以将双回路线改为单回路线输送来改变电力网潮流的分布,还可以调整无穷大母线电压来改变电力网潮流的分布。

在不同的网络结构的前提下,针对 XL_B 线路的三相故障,可进行故障计算分析实验,当线路故障时其两端的线路开关 QF_C、QF_F 跳开(开关跳闸时间可整定)。

3. 实验内容与步骤

①合上 PS-7G 的操作电源开关。

②将 WDT-ⅢC 实验台开机建压,实验台上的线路及无穷大系统都不投入。

③合上 PS-7G 的动力电源开关,将无穷大系统电压调到 380 V。选择一种网络结构(实验说明以环型结构为例),合上所有线路开关。

④将每一台 WDT-ⅢC 实验台依次与 PS-7G 并网(一台并网完成以后,再和另一台 WDT-ⅢC 并网)。

⑤每台发电机增加一定的有功功率和无功功率,将实验数据记录于表 13.1。

⑥依次投入 1 组负荷(LD_A)、2 组负荷($LD_A + LD_B$)、3 组负荷($LD_A + LD_B + LD_C$),记录数据于表 13.2、表 13.3、表 13.4。

⑦实验结束后,依次将每一台 WTD-ⅢC 的有功功率降为 0,断开 WDT-ⅢC 实验台上的并网开关(解列),灭磁,停机。

注意:WDT-ⅢC 与 PS-7G 并网或者解列,每台逐次进行,一台 WDT-ⅢC 与 PS-7G 并网或者解列结束以后,再对下一台进行操作。

表 13.1　不带负荷时潮流数据测量表

	G-A	G-B	G-C	G-D	G-E	G-F	G-G	MC	MD
U/V									
I/A									
P/W									
Q/Var									
$\cos \varphi/(°)$									

表 13.2　带 1 组负荷时潮流数据测量表

	G-A	G-B	G-C	G-D	G-E	G-F	G-G	MC	MD
U/V									
I/A									
P/W									
Q/Var									
$\cos \varphi/(°)$									

表 13.3　带 2 组负荷时潮流数据测量表

	G-A	G-B	G-C	G-D	G-E	G-F	G-G	MC	MD
U/V									
I/A									
P/W									
Q/Var									
$\cos \varphi/(°)$									

表 13.4　带 3 组负荷时潮流数据测量表

	G-A	G-B	G-C	G-D	G-E	G-F	G-G	MC	MD
U/V									
I/A									
P/W									
Q/Var									
$\cos \varphi/(°)$									

4. 实验报告要求

①整理实验数据,分析比较网络结构的变化和地方负荷投、切对潮流分布的影响,并对实验结果进行理论分析。

②通过实验中观察到的现象,说明提高暂态稳定的措施对系统稳定性作用机理。

5. 思考题

①影响电力系统静态稳定性的因素有哪些?

②如何提高电力系统的静态稳定性?

③提高电力系统暂态稳定的措施有哪些?

第**14**章
电力系统调度自动化实验

1. 实验目的

①了解电力系统自动化的遥测、遥信、遥控、遥调等功能。
②了解电力系统调度的自动化。

2. 实验原理

电力系统是由许多发电厂、输电线路和各种形式的负荷组成的。由于元件数量大,接线复杂,因而大大地增加了分析计算的复杂性。作为电力系统的调度和通信中心担负着整个电力网的调度任务,以实现电力系统的安全优质和经济运行的目标。

"PS-7G 电力系统微机监控实验台"相当于电力系统的调度和通信中心。针对 7 个发电厂的安全、合理分配和经济运行进行调度,针对电力网的有功功率进行频率调整,针对电力网的无功功率的合理补偿和分配进行电压调整。

微机监控实验台对电力网的输电线路、联络变压器、负荷采用了微机型的标准电力监测仪,可以现地显示各支路的所有电气量。开关量的输入、输出则通过可编程控制器来实现控制,并且各监测仪和 PLC 通过 RS-485 通信口与上位机相连,实时显示电力系统的运行状况。

所有常规监视和操作除在现地进行外,均可以在远方的监控系统上完成,计算机屏幕显示整个电力系统的主接线的开关状态和潮流分布,通过画面切换可以显示每台发电机的运行状况,包括励磁电流、励磁电压,通过鼠标的操作,可远方投、切线路或负荷,还可以通过鼠标的操作增、减有功或无功功率,实现电力系统自动化的遥测、遥信、遥控、遥调等功能。运行中可以打印实验接线图、潮流分布图、报警信息、数据表格以及历史记录等,微机监控实验台主界面如图 14.1 所示。

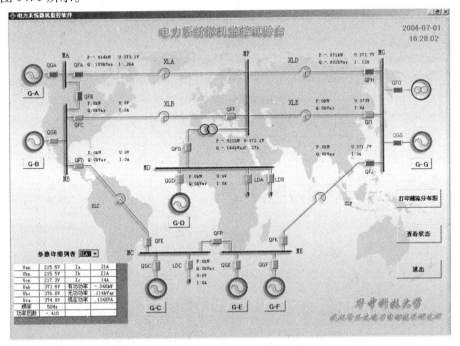

图 14.1　电力系统微机监控试验台主界面

3. 实验内容与步骤

①打开桌面"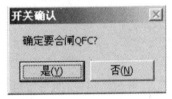"图标(监控程序),登录:

用户名:CVBZX　　　　密码:222222

主界面中各个按钮的颜色和监控台面板开关状态相对应,红色"▮▮▮"表示合闸状态,绿色"▮▮▮"表示跳闸状态。在合闸状态单击线路或负荷的开关按钮就会弹出一个对话框如图 14.2(a)所示,在跳闸状态单击开关按钮就会弹出一个对话框如图 14.2(b)所示。

(a)QFB 跳闸确认　　　　　　　　　　(b)QFC 合闸确认

图 14.2　线路或负荷开关按钮对话框

71

图 14.2(a)中选择"是(Y)",则进行 QFB 跳闸操作,选择"否(N)"则不进行任何操作返回主界面。

通过监控程序依次将线路上其他开关合上,按第 13 章的实验步骤,将全部 WDT-ⅢC 实验台开机建压,与 PS-7G 并网。

②双击发电机图标,如发电机 B,出现如图 14.3 所示界面。

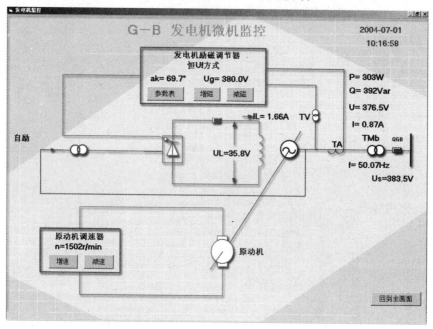

图 14.3　发电机自励方式下监控界面

图 14.3 界面对发电机及其励磁系统的工作状态、运行方式和各种基本电量进行显示,实验者可以很清楚地监视发电机的运行状况,例如,从图 14.3 中可以知道此时监控的是 G-B 发电机,发电机转速为 1 502 r/min,励磁方式为自并励,工作在恒压方式,给定电压为 380 V,还有其他一些基本量。

通过最大化(还原)按钮可以切换发电机监控画面的大小,以便于和监控台主界面互相配合、方便进行监视和跳合闸操作。

单击"增磁""减磁"按钮可以控制发电机的励磁绕组的增、减磁。在发电机未并网时,对应地控制发电机机端电压;而在发电机并网后,则控制的是发电机输出的无功功率。每单击一次对应发电机的励磁绕组进行一次增(减)磁操作。不断单击相应按钮可以持续增(减)磁。

同样的单击"增速""减速"按钮可以增加或减少原动机的电枢电流,在发电机未并网时,对应地控制发电机的转速;而在发电机并网后,则控制的是发电机输出的有功功率。与励磁调节类似,每单击一次按钮发电机进行一次增(减)速操作,如需持续增(减)速必须不断单击按钮,而不是点住按钮不放。

通过单击"参数表"按钮可以查看到发电机励磁更详细的运行状态,如图 14.4 所示。

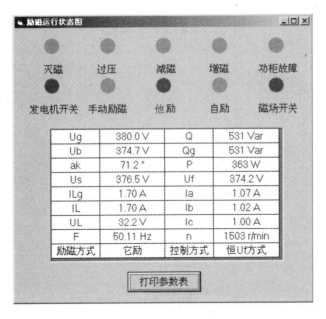

图14.4　发电机励磁运行状态图

同样的,画面中用红、绿色来表示各个运行状态,红色为有效。

单击"打印参数表"按钮可以打印输出发电机运行参数表格。

单击"回到主画面"按钮可以返回到监控主界面。

③9块仪表的主要测量电量为:电压、电流、有功功率、无功功率。它们分别显示在主界面所测对象上,与测量对象一一对应。单击右边的"打印潮流分布图"按钮可以打印当前的潮流分布图。其他电量在界面左下角的表格内进行显示,实验者根据实验需要选择下拉列表中相应的线路(负荷),则该线路(负荷)的所有测量电量将会显示在该表格内。

如图14.5(a)所示,图中选择了线路 D 则该线路的详细电量就会显示下方表格内,如图14.5(b)所示。

参数详细列表 XLD

Uan	212.1V	Ia	.108A
Ubn	211.5V	Ib	.094A
Ucn	211.8V	Ic	.088A
Uab	366V	有功功率	.043kW
Ubc	367.1V	无功功率	.049kVar
Uca	368V	视在功率	.066KVA
频率	50.1Hz		
功率因数	.661		

XLD
XLB
XLC
XLD
XLE
XLF
TT
MC
MD

(a)线路选择　　　　(b)参数详表

图14.5　测量对象选择对话框

④主界面右边的"查看状态"按钮的功能是保存当前时间、监控台开关状态和9块仪表所有测量数据到数据库,并进行显示。单击后进入如图14.6所示界面。

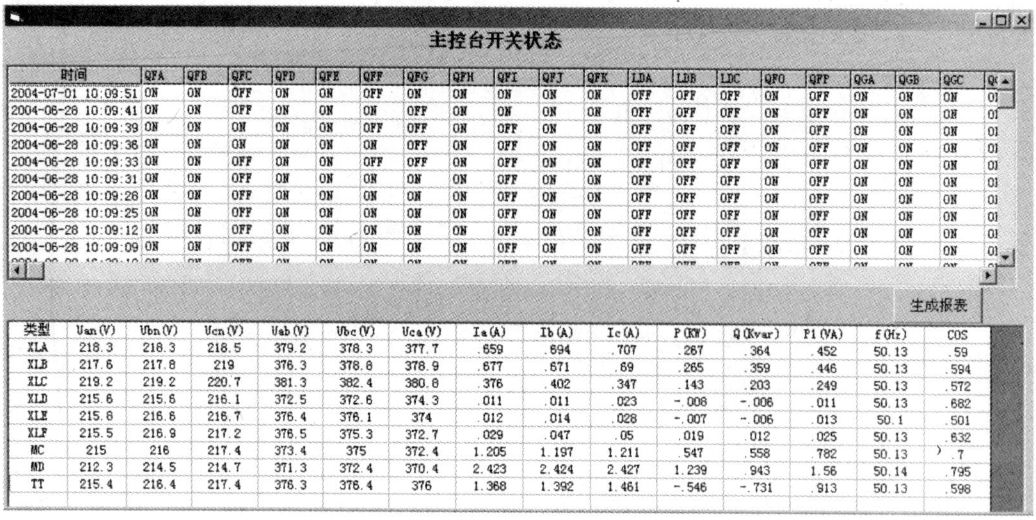

主控台开关状态

时间	QFA	QFB	QFC	QFD	QFE	QFF	QFG	QFH	QFI	QFJ	QFK	LDA	LDB	LDC	QFO	QFP	QGA	QGB	QGC	Q(
2004-07-01 10:09:51	ON	ON	OFF	ON	ON	OFF	ON	ON	ON	ON	ON	OFF	OFF	OFF	ON	OFF	ON	ON	ON	OI
2004-06-28 10:09:41	ON	ON	OFF	ON	ON	ON	OFF	ON	ON	ON	ON	OFF	OFF	OFF	ON	OFF	ON	ON	ON	OI
2004-06-28 10:09:39	ON	ON	ON	ON	ON	OFF	OFF	ON	OFF	ON	ON	OFF	OFF	OFF	ON	OFF	ON	ON	ON	OI
2004-06-28 10:09:36	ON	ON	ON	ON	ON	ON	OFF	ON	OFF	ON	ON	OFF	OFF	OFF	ON	OFF	ON	ON	ON	OI
2004-06-28 10:09:33	ON	ON	OFF	ON	ON	OFF	OFF	ON	OFF	ON	ON	OFF	OFF	OFF	ON	OFF	ON	ON	ON	OI
2004-06-28 10:09:31	ON	ON	OFF	ON	ON	ON	ON	ON	OFF	ON	ON	OFF	OFF	OFF	ON	OFF	ON	ON	ON	OI
2004-06-28 10:09:28	ON	ON	OFF	ON	ON	ON	ON	ON	OFF	ON	ON	OFF	OFF	OFF	ON	OFF	ON	ON	ON	OI
2004-06-28 10:09:25	ON	ON	OFF	ON	ON	ON	ON	ON	OFF	ON	ON	OFF	OFF	OFF	ON	OFF	ON	ON	ON	OI
2004-06-28 10:09:12	ON	ON	OFF	ON	ON	ON	ON	ON	OFF	ON	ON	OFF	OFF	OFF	ON	OFF	ON	ON	ON	OI
2004-06-28 10:09:09	ON	ON	OFF	ON	ON	ON	ON	ON	OFF	ON	ON	OFF	OFF	OFF	ON	OFF	ON	ON	ON	OI

生成报表

类型	Uan(V)	Ubn(V)	Ucn(V)	Uab(V)	Ubc(V)	Uca(V)	Ia(A)	Ib(A)	Ic(A)	P(KW)	Q(Kvar)	P1(VA)	f(Hz)	COS
XLA	218.3	218.3	218.5	379.2	378.3	377.7	.659	.694	.707	.267	.364	.452	50.13	.59
XLB	217.6	217.8	219	376.3	378.8	378.9	.677	.671	.69	.265	.359	.446	50.13	.594
XLC	219.2	219.2	220.7	381.3	382.4	380.8	.376	.402	.347	.143	.203	.249	50.13	.572
XLD	215.6	215.6	216.1	372.5	372.6	374.3	.011	.011	.023	-.008	-.006	.011	50.13	.682
XLE	215.8	216.6	216.7	376.4	376.1	374	.012	.014	.028	-.007	-.006	.013	50.1	.501
XLF	215.5	216.9	217.2	376.5	375.3	372.7	.029	.047	.05	.019	.012	.025	50.13	.632
MC	215	216	217.4	373.4	375	372.4	1.205	1.197	1.211	.547	.558	.782	50.13	.7
MD	212.3	214.5	214.7	371.3	372.4	370.4	2.423	2.424	2.427	1.239	.943	1.56	50.14	.795
TT	215.4	216.4	217.4	376.3	376.4	376	1.368	1.392	1.461	-.546	-.731	.913	50.13	.598

图 14.6 查看状态界面

界面上方的表格从上到下显示的是按时间降序排列的主控台开关状态的记录。用鼠标单击某一行则该行时刻对应的 9 个仪表的数据将显示在界面下方的表格中,此时单击生成报表按钮,这个时刻的数据将会自动转换到 Microsoft Excel 电子表格中,实验者可以根据需要在 Excel 中进行编辑存盘,也可直接在 Excel 中直接打印。

4. 实验报告要求

①详细说明各种实验方案和实验步骤。
②认真整理实验记录,打印潮流分布图并进行分析。
③比较各项的实验数据,分析其产生的原因。

5. 思考题

①电力系统无功功率补偿有哪些措施?为了保证电压质量采取了哪些调压手段?
②电力系统经济运行的基本要求是什么?

第15章

MATLAB/SIMULINK 对电力系统单相短路故障的仿真分析实验

1. 实验目的

①运用 SIMULINK 绘制一机—无穷大系统接线图,并能仿真单回路稳态运行方式。

②运用 SIMULINK 绘制 WDT-ⅢC 电力系统实验台接线图,并仿真双回路稳态运行方式和单回路单相短路故障。

③通过实验了解和学习 MATLAB/SIMULINK 的仿真过程、分析仿真结果。

2. 实验原理

电力系统发生的故障可分为简单故障和复合故障。简单故障是指电力系统正常运行时某一处发生短路或断相故障,而复合故障则是指两个或两个以上简单故障的组合。为了方便与实际实验结果的对比和故障参数分析,本次仿真实验将利用 MATLAB 软件中的 SIMULINK 模块来实现电力系统单相短路故障的动态建模和仿真。通过仿真分析,更直观地了解故障现象,并结合到实际实验操作的结果,能加深理论知识的学习与理解。

本实验要分析的物理模型是 WDT-ⅢC 电力系统综合自动化实验台,接线图如图 15.1 所示。实验系统用标准小型三相同步发电机($S_N = 2.5 \text{ kV} \cdot \text{A}$,$V_N = 400 \text{ V}$,$n_N = 1\ 500 \text{ r/min}$)模拟电力系统的同步发电机。实验台的输电线路是用多个接成链型的电抗线圈来模拟,每相的电抗参数设定为 $XL_1 = XL_2 = 20\Omega$;$XL_3 = XL_4 = 40\ \Omega$。短路点的 N 相对无穷大电源的中性点电抗为 12 Ω。实验台的无穷大系统是由 15 kV·A 的自耦调压器组成,通过调整自耦调压器的电压可以将无穷大母线电压调制为 380 V。

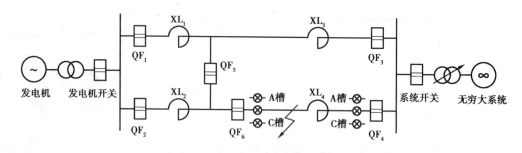

图 15.1　一次系统接线图

利用 SIMULINK 绘制上述无穷大电源供电系统仿真图,仿真电路中部分模块名称及提取路径见表 15.1 所示。

表 15.1　仿真电路中各模块名称及提取途径

模块名称	提取路径
无穷大电源 Three-Phase Source	SimPowerSystems/Eletrical Sources
Three-Phase Parallel RLC Load 5W	SimPowerSystems/Elements
双绕组变压器 Three-Phase Transformer	SimPowerSystems/Elements
输电线路 Distributed Parameters Line	SimPowerSystems/Elements
三相故障模块 Three-Phase Fault	SimPowerSystems/Elements
断路器仿真模块 Three-Phase Breaker	SimPowerSystems/Elements
无穷大系统 Three-Phase Series RLC Load	SimPowerSystems/Elements
三相电压电流测量模块 Three-Phase V-I Measurement	SimPowerSystems/Measurements
多功能测量模块 Multimeter	SimPowerSystems/Measurements
电压测量模块 Voltage Measurement	SimPowerSystems/Measurements
示波器模块 Scope	Simulink/Sinks

3. 实验内容与步骤

(1)模块的介绍与参数设定

标准小型三相同步发电机的部分参数为 $S_N = 2.5$ kV·A, $V_N = 400$ V, $n_N = 1\ 500$ r/min。

设定无穷大电源电压 voltage 为 400 V,频率为 50 Hz,并将其源电阻和源电感改至足够小,如图 15.2 所示。

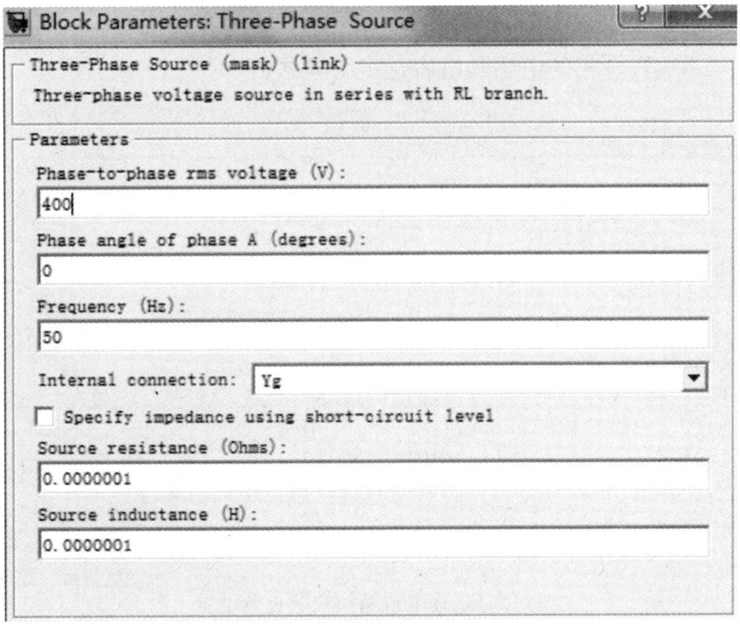

图 15.2　电源模块的参数设置

变压器采用 Three-Phase transformer（Two Windings）模块。实验台变压器变比设定是 1∶1，考虑到变压器上的损耗，根据查找的数据，可得到变压器模块参数图，如图 15.3 所示。

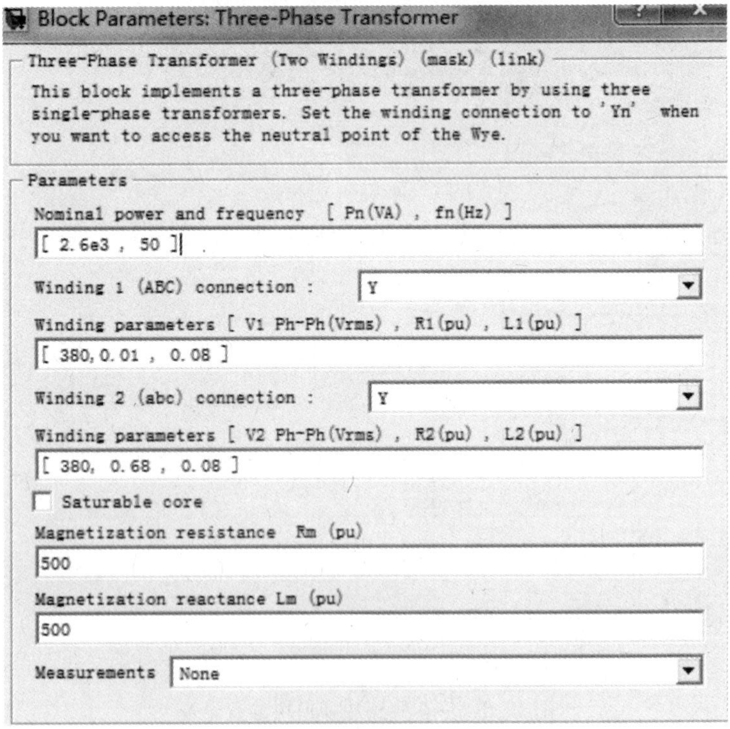

图 15.3　变压器模块的有名值参数设置

输电线路采用 Distributed Parameters Line 模型。每相的电抗参数设定为 $XL_1 = XL_2 = 20\ \Omega$；$XL_3 = XL_4 = 40\ \Omega$，每相的电感和电容选定为默认值，如图 15.4 所示。

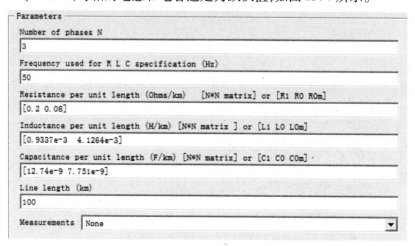

图 15.4　输电线路模块的参数设置

在仿真过程中，故障点的故障类型及参数采用三相线路故障模块 Three-Phase Fault 来设置，如图 15.5 所示。模块的具体参数选项说明如下所述。

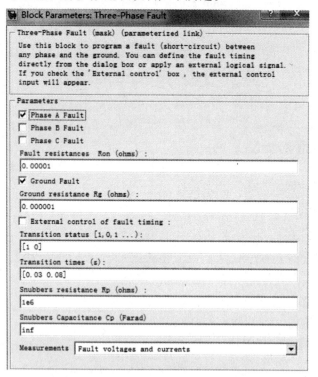

图 15.5　三相线路故障模块参数设置

①Phase A Fault、Phase B Fault、Phase C Fault 用来选择短路故障相，此处仅选择 A 相。

②Fault resistances 用来设置短路点的电阻，值不能为零。

③Ground Fault 用于选择短路故障是否为短路接地故障，此处应选单相接地故障。

④Ground resistances 当故障类型是短路接地故障时,显示接地电阻。

⑤Transition status 和 Transition times 用于设置转换状态和转换时间。

Transition status 便是故障开关状态,通常用 1 表示闭合,0 表示断开。

Transition times 表示故障开关的动作时间。两个选项各有两个数值,且一一对应。此处 Transition status 的值为[10],Transition times 的值为[0.03 0.08],这是指当时间为 0.03 s 时线路发生短路故障,当时间为 0.08 s 时,系统重合闸,故障解除。

⑥Snubbers resistance 和 Snubbers capacitance 用来设置并联缓冲电路中的过渡电阻和过渡电容,此处选定默认值。

⑦Measurements 用来选择预测量。此处选择故障电压和电流 Fault voltages and currents,将联系到后面 Multimeter 多功能测量模块的参数测量。

根据上述故障模块中的 Measurement 设置,可在多功能测量模块 Multimeter 中抽取需要测量和对比的具体参数,如图 15.6 所示,再通过示波器可仿真出相应的波形图。

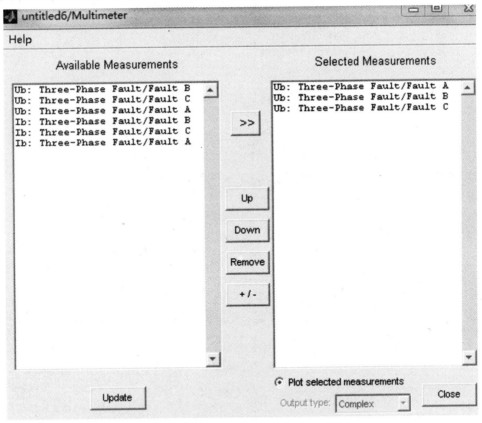

图 15.6　多功能测量模块参数设置

(2)实验步骤及内容

①打开 MATLAB7.0,选择"File"→"New"→"Model",将新建 untitled 仿真窗口。

②用 SIMULINK 绘制单回路单相短路故障电路图,并修正各模块的具体参数,选择"Simulation"→"Configuration Parameters"设定"Start time"为 0.0 s,"Stop time"为 0.35 s;步长

"step size"设定为"auto";可变步长算法选择"ode23tb"。然后选择"Simulation"→"Start"启动仿真,待仿真完成 Multimeter 弹出三相故障电压与电流波形图后,测量并记录各时刻参数。

③同步骤②相似,绘制双回路单相短路故障电路图。

第一步:断开 breaker 和 breaker1,仅仿真单回路运行状态下的短路故障,记录故障波形和参数。

第二步:合上 breaker,断开 breaker1,选定 breaker 参数中的所有 Switching of phase 项,仿真双回路运行状态下的短路故障,记录故障波形和参数。

第三步:合上 breaker 和 breaker1,选定两个断路器参数中的所有 Switching of phase 项,启动仿真,以实现带有中间断路器的双回路单相短路故障的模拟,记录故障波形和参数。

④对比步骤②及步骤③中的仿真结果,分析各种状态下故障波形的不同以及参数的变化,并可根据测量的电压电流值,计算功率大小;也可自行添加模块测量首末端电压以及双回路运行状态下中间断路器的相间电压。

⑤通过 WDT-ⅢC 电力系统综合自动化实验台进行实际实验(第 7 章),分别测量上述相关参数,并与仿真结果对比,分析得出结论,完成实验报告。

4. 实验报告要求

①将仿真结果进行打印,整理。
②对仿真结果(数据及图形)进行分析。

5. 思考题

①什么是电力系统的横向故障? 是如何分类的?
②在进行电力系统各种短路电流计算时,不计负荷电流与计及负荷电流,结果有什么不同?
③计算机仿真模拟各种短路运算与手动进行短路计算有什么区别? 各有何特点?

第 **16** 章

电力系统运行方式及潮流分析仿真实验

1. 实验目的

①在了解和掌握对称稳定情况下,输电系统的网络结构和各种运行状态与运行参数值的变化范围,理解电力系统潮流分布的概念。

②学会运用 MATLAB/SIMULINK 或其他软件在现有实验设备的基础上设计输电系统的网络结构和各种运行状态,并进行仿真分析计算。

③通过实验对设计的系统进行验证,加深理解潮流计算的意义,使理论教学与实践相结合,提高对实验感性认识。

2. 实验原理

现代电力系统电压等级越来越高,系统容量越来越大,网络结构也越来越复杂。仅用单机对无穷大系统模型来研究电力系统,不能全面反映电力系统物理特性,如网络结构的变化、潮流分布、多台发电机并列运行等。

"PS-7G 电力系统微机监控实验台"是将 5 台"WDT-ⅢC 电力系统综合自动化实验台"的发电机组及其控制设备作为各个电源单元组成一个可变环型网络,如图 16.1 所示。

此电力系统主网按 500 kV 电压等级来模拟,MD 母线为 220 kV 电压等级,每台发电机按 600 MW 机组来模拟,无穷大电源短路容量为 6 000 MVA。

A 站、B 站相连通过双回 400 km 长距离线路将功率送入无穷大系统,也可将母联断开分别输送功率。在距离 100 km 的中间站的母线 MF 经联络变压器与 220 kV 母线 MD 相连,D

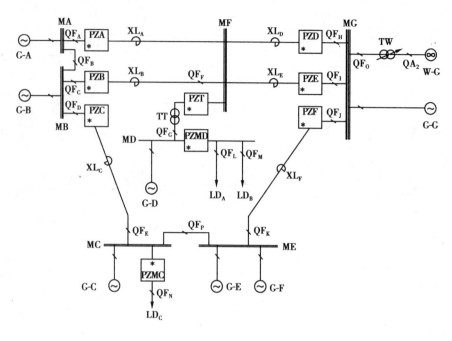

图 16.1　多机系统网络结构图

站在轻负荷时向系统输送功率,而当重负荷时则从系统吸收功率(当两组大小不同的 A、B 负荷同时投入时)从而改变潮流方向。

C 站一方面经 70 km 短距离线路与 B 站相连,另一方面与 E 站并联经 200 km 中距离线路与无穷大母线 MG 相连,本站还有地方负荷。

此电力网是具有多个节点的环形电力网,通过投切线路,能灵活地改变接线方式,如切除 XL$_C$ 线路,电力网则变成了一个辐射形网络,如切除 XL$_F$ 线路,则 C 站、E 站要经过长距离线路向系统输送功率,如 XL$_C$、XL$_F$ 线路都断开,则电力网变成了 T 型网络等。

在不改变网络主结构前提下,通过分别改变发电机有功、无功来改变潮流的分布,可以通过投、切负荷改变电力网潮流的分布,也可以将双回路线改为单回路线输送来改变电力网潮流的分布,还可以调整无穷大母线电压来改变电力网潮流的分布。

在不同的网络结构前提下,针对 XL$_B$ 线路的三相故障,可进行故障计算分析实验,此时当线路故障时其两端的线路开关 QF$_C$、QF$_F$ 跳开(开关跳闸时间可整定)。仿真电路中各模块名称及提取路径见表 16.1。

表 16.1　仿真电路中各模块名称及提取路径

模块名称	提取路径
无穷大电源 Three-Phase Source	SimPowerSystems/Eletrical Sources
发电机 Machines	SimPowerSystems/Machines
三相电压电流测量模块 Three-Phase V-I Measurement	SimPowerSystems/Measurements

模块名称	提取路径
双绕组变压器 Three-Phase Transformer	SimPowerSystems/Elements
三相故障模块 Three-Phase Fault	SimPowerSystems/Elements
多功能测量模块 Multimeter	SimPowerSystems/Measurements
电压测量模块 Voltage Measurement	SimPowerSystems/Measurements
示波器模块 Scope	Simulink/Sinks
输电线路 Distributed Parameters Line	SimPowerSystems/Elements
断路器仿真模块 Three-Phase Breaker	SimPowerSystems/Elements
无穷大系统 Three-Phase Series RLC Load	SimPowerSystems/Elements

3. 实验内容与步骤

(1) 模块的介绍与参数的设定

由于 MD 母线为 220 kV 电压等级，每台发电机按 600 MW 机组，将其发电机电压设定为 220 kV，频率为 50 Hz，如图 16.2 所示。

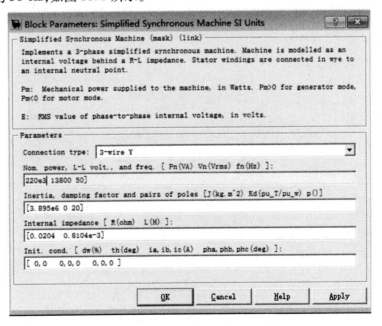

图 16.2　发电机参数设置

在该系统中，系统运行正常运行是断路器处在闭合状态，如图16.3所示。

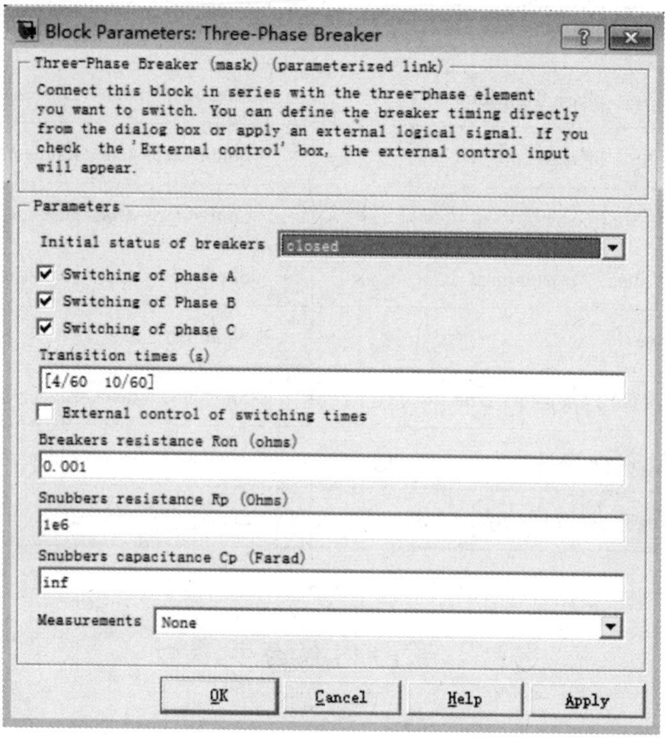

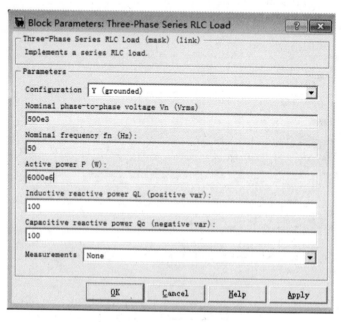

图16.3　断路器参数设置

电力系统主网按500 kV电压来模拟，无穷大电源短路电容为6 000 MVA，如图16.4所示。

图16.4　无穷大电源参数设置

在针对 XL_b 线路三相故障进行故障分析时,在设置故障类型及参数使用 Three-Phase Fault 模块进行设置,如图 16.5 所示。

模块的具体参数选项说明如下:

①根据自己所需在 Phase A Fault、Phase B Fault、Phase C Fault 中选择故障相。

②Fault resistances 用来设置短路点的电阻,值不能为零。

③Ground Fault 用于选择短路故障是否为短路接地故障,此处应选单相接地故障。

④Ground resistances 当故障类型是短路接地故障时,显示接地电阻。

⑤在 Timer 中设定起止时间,如图 16.6 所示。由于在此多机电力系统中,三相短路电流很大,所以整定时间为 $0.1 \sim 0.3$ s。Timer 的值为[0 0.2],Amplitude 的值为[0 1],这是指当时间为 0.2 s 时线路发生短路故障,当时间为 0.4 s 时,系统重合闸,故障解除。

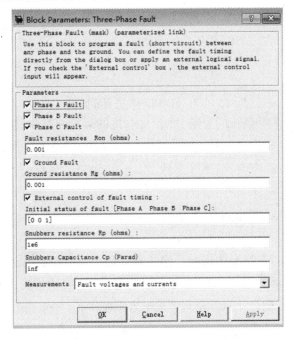

图 16.5　三相线路故障模块参数设置

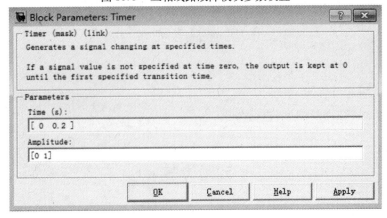

图 16.6　整定时间

（2）实验操作步骤

①打开 MATLAB7.0,选择"File"→"New"→"Model",将新建 untitled 仿真窗口。

②用 SIMULINK 绘制出电力系统仿真图,并修正各个模块具体参数,在以下界面设定起始参数,如图 16.7 所示。然后启动仿真,在仿真完成后 Multimeter 弹出波形,测量各个时刻的参数。

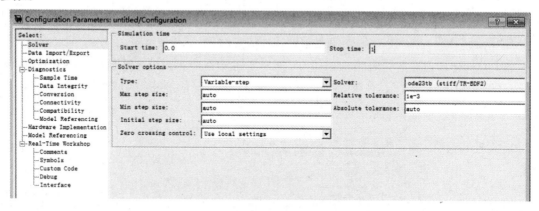

图 16.7　SIMULINK 仿真界面图

③网络结构变化对系统潮流的影响,即各发电机的运行参数保持不变,测试网络变化前发电机端及各母线电压、电流、功率等参数,改变网络结构,记录各开关的状态,测试网络变化后发电机端及各母线电压、电流、功率等参数,现场输出打印,然后与网络结构变化前的测试结果进行比较,并记录。

④对比步骤②和步骤③中的仿真结果,分析各种状态下故障波形的不同以及参数的变化。

⑤短路对电力系统暂态稳定的影响。同步骤②相似,改变网络结构,对 XL_b 线路进行故障分析。选择 XL_b 的故障为 Phase A Fault,并设置好参数,启动仿真以实现不同线路结构的故障模拟并记录数据和波形。注意:在此多机电力系统中,三相短路时故障电流很大,故线路保护动作时间整定为 0.1～0.3 s。

4. 实验报告要求

①将仿真结果进行打印,整理。

②对仿真结果(数据及图形)进行分析。

5. 思考题

①辐射形网络的潮流计算的步骤是什么?

②试分析比较手动潮流计算方法与计算机潮流计算方法的误差,并分析其根源。

③电力网络的节点类型有哪些?试比较分析其特点。

④对潮流进行控制一般都有哪些措施?

附 录

附录 1　TGS-03B 微机调速装置

（1）TGS-03B 微机调速装置

同步发电机的开机运行必须给其原动机提供一个电源,使发电机组逐步运转起来。传统方法是用人工的方法调节其电枢或励磁电压,使发电机组升高或降低转速,达到预期的转速。这种方法现已逐渐不适应现代设备的高质量要求,采用微机调速装置既可以用传统的人工调节方法,又可以跟踪系统频率进行自动的调速,这样既简单又快速地达到系统的频率,具有很好的效果。

TGS-03B 微机调速装置是针对各大专院校教学和科研而设计的,能做到最大限度地满足教学科研灵活多变的需要。具有下述功能。

①测量发电机转速。

②测量系统功角。

③手动模拟调节。

④微机自动调速。

a. 手动数字调节。

b. 自动调速。

⑤测量电网频率。TGS-03B 微机调速装置面板包括:6 位 LED 数码显示器,13 个信号指示灯,7 个操作按钮和一个多圈指针电位器等,其面板图如附录图 1.1 所示,具体用途及其操作方法如下所述。

A. 信号指示灯 13 个。

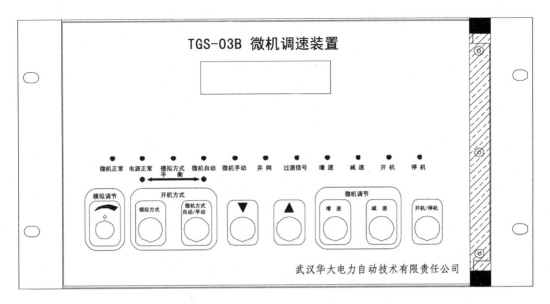

附录图 1.1 TGS-03B 微机调速装置面板图

a. 装置运行指示灯 1 个,即"微机正常"指示灯,点亮时表示微机调速装置运行正常。

b. 电源指示灯 1 个,即"电源正常"指示灯,点亮时表示微机调速装置电源正常。

c. 方式选择指示灯 3 个,即"模拟方式""微机自动""微机手动"指示灯,当选中某一方式时,对应灯亮。

d. 并网信号指示灯 1 个,即"并网"指示灯,当发电机开关合上时灯亮。

e. 监控电机速度指示灯 1 个,即"过速信号"指示灯,当速度超过 55 Hz 时指示灯亮。

f. 增减速操作指示灯 2 个,即"增速""减速"指示灯,当按增、减速按钮或者远方控制增、减速时对应指示灯亮(如微机准同期控制器发增、减速命令)。

g. 开机指示灯、停机指示灯各 1 个,对应不同的电机状态。

h. 平衡指示灯 2 个,本装置可实现"微机自动"与"微机手动"方式的自由切换,在"模拟方式"下可自由切换到"微机方式",在"微机方式"下通过调节指针电位器观察平衡灯也可在不关机的情况下可以自由切换到"模拟方式"。

B. 操作按钮分 4 个区,共 7 个按钮。

a. 开机方式选择区有 2 个按钮,一个为模拟方式按钮;另一个为微机方式的自动/手动选择按钮。

b. 显示切换有 2 个按钮"▲""▼",可进行显示切换。

c. 微机调节区有 2 个按钮,即为"增速""减速"操作。

d. 停机/开机有 1 个按钮,按下为开机命令,松开为停机命令。

C. 模拟调节区 1 个。模拟调节指针电位器 1 个,即为模拟方式下的手动调节。

D. 数码显示器。按"▲""▼"键可循环显示以下参数。

操作显示 切换按键显示符号及含义表见附录表 1.1。

附录表 1.1　操作显示切换按键显示符号及含义表

序号	显示符号		含　义
1	F	0.00	电动机频率
2	IA	0.00	电动机电枢电流
3	IL	0.00	电动机励磁电流
4	UD	0.00	晶闸管触发电压(控制量)
5	UA	0.00	电动机电枢电压
6	dd	00	功角
7	Fg	0.00	电动机给定频率
8	Fb	0.00	电动机基准频率

注意:指针电位器为 1 个多圈电位器,共可旋转 10 圈,此元件为易损器件,使用时要小心调节,注意其限位和原动机电流、电压表。

(2)模拟方式下的开、停机操作

①将指针式电位器(旋钮)调整至零,微机调速装置输出为零,在"微机调速"面板上的"开机方式"选择区,按下"模拟方式"按钮,此时"模拟方式"指示灯亮,即选择的开机方式为"模拟方式"。

②在"操作面板"上按下"原动机开关"的"红色"按钮,其"红色"按钮的指示灯亮,"绿色"按钮指示灯灭,表示晶闸管整流装置上已有三相交流电源。

同时,晶闸管冷却风扇运转,发电机测功角盘的频闪灯亮,为发电机开机作准备。

③在"微机调速"面板上按下"开机/停机"按钮,对应开机灯亮。在"模拟调节"区顺时针旋转指针电位器,增加输出量,加大晶闸管导通角,可以观察"原动机电压"表有低电压指示。

继续旋转电位器,可以观察到 2.5 kV·A 的发电机组开始顺时针启动加速,此时应观察机组稳定情况,监视发电机转速。

然后缓慢加速直至到额定转速即 1 500 r/min,待发电机励磁投上以后,调整发电机频率为 50 Hz。

④当发电机与无穷大系统并列以后。此时再顺时针旋转电位器,即为增加发电机输出有功功率,逆时针旋转电位器,即为减少有功功率,同时可以观测到功率角的变化。

注意:旋转的电位器指针一般不能低于并列时的电位器指针位置,否则发电机向系统吸收有功功率。

⑤试验完毕后的停机步骤如下所述。

a.应该将发电机输出的有功功率、无功功率调至为零。然后将发电机与系统解列,即跳开"发电机开关"。

　　b. 将发电机逆变灭磁或者跳开励磁开关灭磁。

　　c. 逆时针旋转模拟调节指针电位器,使其输出为零,这时机组速度随惯性减为零,按下"开机/停机"按钮,对应停机灯亮。

　　d. 按下"原动机开关"的"绿色"按钮,其"绿色"按钮的指示灯亮,"红色"按钮的指示灯灭,表示原动机的动力电源已切断。

　　e. 同时晶闸管冷却风扇停止运转,发电机测功角盘的频闪灯灭。

　　f. 在"开机方式"选择区松开"模拟方式"按钮,"模拟方式"指示灯灭,"微机自动"指示灯亮,即结束了模拟方式的开停机操作,为下一次试验作准备。

(3) 微机自动方式下的开、停机操作

　　①当微机调速装置的按钮全松开时,则"开机方式"选择为"微机自动方式",此时"微机自动"指示灯亮,数码管显示"发电机转速"为零。

　　②合上"原动机开关"即给三相可控整流装置供电。

　　③按下"停机/开机"按钮,此时"开机"指示灯亮,则"Ud"自动增加,晶闸管导通角逐渐增大,"原动机电压"表的电压值也在增大,发电机开始启动,然后逐渐逼近额定转速。

　　④给上励磁电压后,当满足同期条件时,发电机与系统并列即"发电机开关"合上,"并网"指示灯亮。

　　当同期条件不满足时,可以通过"微机调节"区的"增速""减速"按钮来调节发电机转速,也可通过微机准同期控制器,自动调节发电机转速。

　　⑤当并网成功后(冲击电流很小),数码管显示功率角接近为零。

　　通过面板上"▲▼"按钮可以分别看到"发电机转速""晶闸管控制量""发电机功率角"等量。

　　⑥当需要增加或减少发电机有功功率时,可通过"增速"或"减速"按钮来改变其功率大小,此时可以看到功率角的大小变化。

　　⑦当需要停机时,应先将发电机的有功、无功减至零;然后将发电机与系统解列,即跳开"发电机开关";再将发电机逆变灭磁或者跳开励磁开关灭磁;松开"停机/开机"按钮,此时"开机"指示灯灭,"停机"指示灯亮,控制量递减直至为零,发电机减速逐渐停止转动。

　　⑧当发电机转速为零时,跳开"原动机开关"时,晶闸管冷却,风扇停止运转,发电机测功角盘的频闪灯灭,即微机自动方式下的开停机操作结束。

(4) 微机手动方式下的开、停机操作

　　①在"开机方式"选择区,按下"微机自动/手动方式",则开机方式选择为"微机手动"方式,此时"微机手动"指示灯亮。

　　②合上"原动机开关"即给三相可控整流装置供电。

③按下"停机/开机"按钮,此时"开机"指示灯亮,"停机"指示灯灭。调速器处于待命状态。

④在"微机调节"区按下"增速"按钮,同时"增速"指示灯亮,则调速装置显示的"控制量"增加,原动机的电枢电压也增加,发电机开始缓慢启动,转速开始上升;松开"增速"按钮,对应指示灯灭,显示的"控制量"变化停止,由于惯性的影响,发电机转速将会继续增大,逐渐稳定在某一频率,转速相对稳定。

⑤继续按"增速"按钮,转速也继续上升,同时调节发电机到额定转速,然后建立电压与系统并列,"并网"指示灯亮。

⑥并网以后再按"增速""减速"按钮则增加、减少发电机有功功率,同时也改变了发电机对系统的功率角。

⑦当试验完毕,准备停机时,应先将发电机的有功、无功减至零。

然后将发电机与系统解列,即跳开"发电机开关"。

再将发电机逆变灭磁或者跳开励磁开关灭磁。

按"减速"按钮,显示的"控制量"缓慢减小,发电机转速逐渐降低,当"控制量"递减直至为零时,发电机减速,逐渐停止转动。

松开"停机/开机"按钮,停机指示灯亮,松开"微机方式"按钮。

跳开"原动机开关"即完成了微机手动方式下的开、停机操作,为下一次试验作准备。

注意:

由于惯性影响,发电机转速会滞后控制量,操作时应予以注意。

(5)微机调速装置参数及其整定方法

1)微机调速装置控制参数及其显示符号

微机调速装置的控制参数见附录表1.2所示。

附录表1.2　微机调速装置控制参数表

序号	控制参数	显示符号	含义	典型数值	调整范围
1	KPF	HPF	频率偏差比例放大系数	045	0~80
2	KIF	HIF	频率偏差积分放大系数	001	0~50
3	KDF	Hd	频率偏差微分放大系数	018	0~50
4	KPI	HPI	电枢电流偏差比例放大系数	010	0~50
5	KII	HII	电枢电流偏差积分放大系数	001	0~50
6	KDI	HdI	电枢电流偏差微分放大系数	001	0~50

序号	控制 参数	显示 符号	含　义	典型数值	调整范围
7	IL	IL	励磁电流显示系数	80	0~500
8	IA	IA	励磁电流显示系数	200	0~500
9	K_F	HF	调差系数	4.79	0.0~10.0
10	TQ	7q	软反馈放大倍数	0.02	0.02~0.4
11	EF	EF	失灵区	0.1	0.007~0.7
12	TS	7S	汽轮机汽容时间常数	0.16	0.08~0.6
13	NO	NO	设备通信地址号	0	0~255
14	CsOF-A	CsOF-A	恢复默认参数(File→RAM)		
15	Cs1A-E	Cs1A-E	固化参数(RAM→E^{2}PROM)		
16	Cs2E-A	Cs2E-A	刷新参数(E^{2}PROM→RAM)		
17	Cs3d-d	Cs3d-d	校正功角		

2) 默认(缺省)参数的恢复

①在"模拟方式"下按"减速"按钮选择功能序号"0",显示"CSOF—A",表示选中参数恢复功能。

②长按"增速"按钮进入参数设置状态。

③同时按下"增量显示"按钮和"减量显示"按钮,则完成默认参数的恢复过程。

3) 修改参数的步骤

①在"模拟方式"下按"减速"按钮选择所需修改的参数。

②按下"增速"按钮进入参数设置状态,改变参数时需要一直按下,直到参数整定完成。

③若增加参数值,则按"增量显示"按钮(上三角▲),若减小参数值,则按"减量显示"按钮(下三角▼);通常,按一次,参数增减1,若需大幅度增减,可按住按钮不放便可连续增减。

4) 参数的固化

修改后的参数如果不固化到 E^{2}PROM 中去,则在掉电之后丢失。如果需要保存,则需要进行固化操作。固化操作步骤如下所述。

①在"模拟方式"下按"减速"按钮,选择功能序号1,显示:CS01A~E,表示选中参数固化功能。

②长按"增速"按钮进入参数设置状态。

③同时按下"增量显示"按钮(上三角▲)和"减量显示"按钮(下三角▼),则完成参数固化过程。

附录2　WL-04B 微机励磁调节器

(1) WL-04B 微机励磁调节器

WL-04B 微机励磁调节器是为大专院校开设《电力系统自动装置原理》《电力系统分析》《电力工程》等课程的教学实验而特殊设计的微机型励磁调节器。其励磁方式可选择:他励、自并励两种。

微机励磁调节器的控制方式可选择恒 U_F、恒 I_L、恒 α、恒 Q 4 种。

设有定子过电压保护和励磁电流反时限延时过励限制、最大励磁电流瞬时限制、欠励限制、伏赫限制等励磁限制功能。设有按有功功率反馈的电力系统稳定器(PSS)。

励磁调节器控制参数可在线修改,在线固化,灵活方便,能做到最大限度地满足教学科研灵活多变的需要。具有实验录波功能,可以记录 U_F、I_L、U_L、P、Q、α 等信号的时间响应曲线,供实验分析用。

微机励磁调节器面板包括:8 位 LED 数码显示器,若干指示灯和按钮,强、弱电测试孔,其面板图如附录图 2.1 所示,具体用途及其操作方法如下所述。

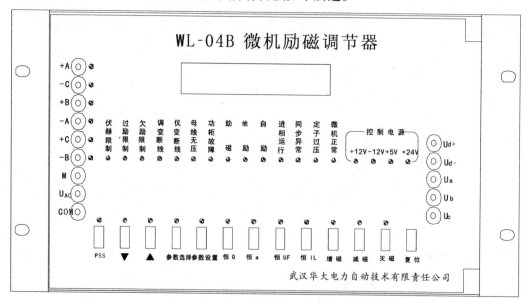

附录图 2.1　WL-04B 微机励磁调节器面板图

1)8 位 LED 数码显示器

用途 1:用以显示同步发电机励磁控制系统状态量,包括:

①发电机机端电压、发电机输出有功功率和无功功率。

②发电机励磁电压、励磁电流。

③发电机频率。

④励磁调节器输出控制角等。

用途 2:用以查询、修改励磁调节器的控制参数,包括:

①PID 反馈系数。

②励磁限制整定值等。

2)指示灯

励磁调节器面板共有 32 只指示灯,分成 3 个类型。

①第一类:"控制电源"指示灯。由 +5V、±12V、+24V 等 4 路电源指示灯组成。

②第二类:励磁调节器"输出"触发脉冲指示灯。由 +A、−C、+B、−A、+C、−B 6 路脉冲指示灯组成。

③第三类:励磁调节器工作状态指示灯 22 只。

a. 微机正常指示灯:闪烁时表示微机励磁调节器运行正常;常亮或常熄表示微机励磁调节器异常。

b. 定子过压指示灯:发电机机端电压大于额定电压的 1.26 倍时,过压保护动作,同时过压指示灯点亮。

c. 同步异常指示灯:本微机励磁调节器工作在自并励方式时,同时采用励磁变压器和发电机电压互感器作为触发同步信号,当两路同步信号均正常时熄灭,任一路丢失时点亮。

d. 进相运行指示灯:当无功功率为负值时,即发电机进相运行时,指示灯亮。

e. 自励指示灯:励磁调节器工作在自并励励磁方式,即励磁变压器原边绕组接在发电机机端。当实验操作台的操作面板上的"励磁方式"切换开关选择为"微机自并励"励磁方式时亮。

f. 助磁指示灯:自并励励磁方式下,发电机起励时由励磁调节器自动投入起励用的初始励磁,此时投助磁指示灯亮。

g. 功柜故障指示灯:当全控桥故障时,指示灯亮。

h. 母线无压指示灯:系统电压小于 85% 额定电压时亮。

i. 仪变断线指示灯:励磁调节器同时引入两路发电机机端电压互感器电压信号,分别称为调变电压 U_{F1} 和仪变电压 U_{F2}(调变和仪表分别对应发电厂励磁调节器专用电压互感器和测量仪表用电压互感器),发电机电压由下式决定:

$$U_F = \text{MAX}\{U_{F1}, U_{F2}\}$$

当两路电压相差 10% 时,表示电压互感器发生断线故障,如仪变电压小于调变电压 10%,仪变断线灯亮。

j. 调变断线指示灯:当调变电压小于仪变电压 10% ,调变断线灯亮。

k. 灭磁指示灯:按灭磁按钮或发电机频率低于 43 Hz 时灭磁指示灯亮,当发电机并网带负荷时灭磁无效。

l. 减磁指示灯:按减磁按钮或者远方控制减磁时亮(如微机准同期控制器发减磁命令)。

m. 增磁指示灯:按增磁按钮或者远方控制增磁时亮(如微机准同期控制器发增磁命令)。

n. 恒 I_L 指示灯:按恒 I_L 按钮时其指示灯亮,表示励磁调节器按恒 I_L 方式运行,维持发电机励磁电流在给定水平上。

o. 恒 U_F 指示灯:按恒 U_F 按钮时其指示灯亮,表示励磁调节器按恒 U_F 方式运行,维持发电机机端电压在给定水平上。

p. 恒 α 指示灯:按恒 α 按钮时其指示灯亮,表示励磁调节器按恒 α 方式(开环)运行,只有在他励方式下有效,自并励励磁方式不允许开环运行,所以自并励励磁方式下,按恒 α 按钮无效且他励方式转自并励时,如果原来是恒 α 方式也会自动转为恒 I_L 方式。

q. 他励指示灯:励磁调节器工作在他励励磁方式,励磁变压器原边绕组接在市电 380 V 电网上,试验操作台的操作面板上的"励磁方式"切换开关选择为"微机他励"励磁方式时亮。

r. 参数设置指示灯:修改控制器参数时,按设置按钮时亮,表示已进入参数设置状态。

s. 欠励限制指示灯:发电机无功过度进相,欠励限制器动作时其指示灯亮,欠励限制线是 P-Q 平面四象限上的一条直线,功率运行点被限制在欠励限制线以上。

t. 过励限制指示灯:过励即过励磁电流,发电机励磁电流超过额定励磁电流的 1.1 倍称为过励。励磁电流在 1.1 倍以下允许长期运行,1.1 ~ 2.0 倍按反时限原则延时动作,限制励磁电流到 1.1 倍以下,2.0 倍以上,瞬时动作限制励磁电流在 2.0 倍以下,过励灯在过励限制动作时亮。

u. 伏赫限制指示灯:伏/赫限制用以限制发电机端电压与发电机频率之比 U_F/f_F 的上限,通常在 U_F 过大或 f_F 过小时动作,伏/赫限制动作时亮,未动作时熄。

v. PSS 指示灯:PSS 功能投入时亮,退出时熄。

3)测试孔

励磁调节器面板共有 14 个测试孔,分为两个测试区。

①第一区:弱电测孔 9 个。由 + A、- C、+ B、- A、+ C、- B 6 路脉冲测试孔和 1 路 6 脉冲总合测试孔 M,1 路交流同步电压信号 U_{AC} ,以及一个弱电公共地 COM 组成,供示波器观察脉冲波形,脉冲相位及相位移动过程等信号。

②第二区:强电测试孔(100 V)5 个。由三相全控桥的交流输入电压 U_a、U_b、U_c 和直流输出电压 $U_d +$、$U_d -$ 组成,可供示波器观察波形及万用表测量电压幅值。

4)操作按钮

操作按钮共有 13 只,分别如下所述。

a. 复位按钮:手动强迫复位 CPU,主要用于励磁调节器检修与调试,正常使用时不用。

b. 灭磁按钮:此按钮为带锁按钮,在发电机空载运行状态下,按下灭磁按钮,则进行逆变灭磁,但发电机并网带负荷后灭磁无效。发电机在未起励建压时,灭磁按钮由锁定状态弹出,进行起励建压命令。

c. 减磁按钮:发电机并网前,减磁则降低发电机电压,并网后减磁则减少发电机输出的无功功率。

d. 增磁按钮:发电机并网前,增磁则提高发电机电压,并网后增磁则增加发电机输出的无功功率。

e. 恒 I_L 按钮:选择恒 I_L 运行方式,维持发电机励磁电流在给定水平上。

f. 恒 U_F 按钮:选择恒 U_F 运行方式,维持发电机机端电压在给定水平上。

g. 恒 α 按钮:选择恒 α 运行方式表示调节器开环运行,只有在他励方式下有效。

h. 恒 Q 按钮:选择恒无功运行方式,只有在发电机并网以后,选择才有效,且原来运行方式灯熄灭,即恒 I_L,恒 U_F,恒 α 的指示灯均灭。

i、j. 参数设置按钮:在正常工作状态(非参数设置状态)下,"▲"增量显示和"▼"减量显示按钮用以顺序和逆序召唤显示励磁控制系统状态变量,按"参数设置"按钮后,"参数设置"指示灯点亮,此时增量显示和减量显示按钮用作增加和减小参数数值。

k. 参数选择按钮:用以查询控制参数的当前数值和选择需要修改的控制参数,重复按下此按钮,则循环显示各个控制参数。

l、m. "▲"增量显示和"▼"减量显示按钮:用以顺序和逆序召唤显示励磁控制系统状态变量,在参数设置状态("参数设置"指示灯点亮),用来增加或减小控制参数值。

5) RS232/RS485 标准通信接口

RS232/RS485 标准通信接口 1 个,微机励磁装置的 CPU 板上通过跳线可以在 RS232/RS485 之间任意转换。供与 PC 机交换信息,利用上层监控软件,可以监视励磁控制系统的运行状况,配合实验作参数调整,进行试验录波等工作。

跳脚 JP2,JP3 设置:

1-2	RS485
2-3	RS232

(2) 励磁调节器开机的前准备工作

1) 选择励磁方式

①在实验台的"操作面板"上,切换"励磁方式"开关,选择励磁方式。

②检查励磁调节器面板上"他励""自励"等指示灯指示是否正确。

注意:励磁方式的选择或变更,应在发电机未建压时进行,建压运行中不可变更励磁方式,若需要变更励磁方式,请首先灭磁,然后变更励磁方式。

2）选择控制方式

在开机前,共有 3 种控制方式供选择。

①恒 I_L 方式起励。

②恒 α 方式起励(仅在他励方式下有效)。

③恒 U_F 方式起励。

3）选择起励方式

当选择恒 I_L 或者恒 U_F 运行方式时,发电机有自动起励和手动起励两种方式供选择。

如选择自动起励方式时,升机则在开机前将"励磁开关"合上,且将"灭磁"按钮松开,这样当发电机频率升到 47 Hz 以上时,则自动起励。

如选择手动起励方式时,升机则先将"灭磁"按钮按下锁定,将发电机升到额定转速后,再合上"励磁开关",松开"灭磁"按钮,进行手动起励。

4）控制参数检查

开机前应检查控制参数是否与试验要求值相符,控制参数的整定方法参见第 6 章。

（3）励磁调节器运行调整的操作方法

1）开启发电机组

按调速器使用说明启动同步发电机组(以励磁调节器选择手动起励方式为例),开机升速到额定转速后,检查励磁调节器频率显示是否正常。

2）建立发电机电压

松开"灭磁"按钮,"灭磁"指示灯熄灭,发电机开始建压。

若以恒 U_F 方式运行,则自动建压到与母线电压一致(当母线电压在 85% ~ 115% 范围内),或额定电压(当母线电压在 85% ~ 115% 以外区域)。

若以恒 I_L 方式运行,则自动建压到 $I_L = 15\%$ ILN。

3）发电机电压的调整

发电机建压后,可操作"增磁""减磁"按钮升高或降低发电机机端电压。

4）发电机与系统并网

按准同期准则手动或用微机自动准同期器自动合上发电机出口开关,将发电机并入电网。

5）增减发电机功率

增减无功功率,操作"增磁""减磁"按钮。

增减有功功率,则需操作调速器的"增速""减速"按钮。

6）发电机与系统解列

解列前一般需要减负荷减到零值(有功功率和无功功率都等于零),再手动跳开发电机出口开关(发电机甩负荷试验除外)。

7)停机与灭磁

试验完毕,操作调速器减速停机,励磁调节器在频率下降到 43 Hz 以下时,将会自动执行低频灭磁功能,实现逆变灭磁。

(4)励磁调节器控制参数及其整定方法

1)励磁调节器控制参数及其显示符号

励磁调节器的控制参数主要有:恒 U_F 控制的 PID 参数和恒 I_L 控制的 PID 参数;调差系数 K_Q;励磁电流过励限制启动值 GL_{IL} 等,见附录表2.1。

附录表2.1　励磁调节器的控制参数表

序号	控制参数	显示符号	含　义	典型数值	调整范围
1	K_{PU}	HPU	电压偏差比例放大系数	040	$0 \sim 80$
2	K_{IU}	HIU	电压偏差积分放大系数	002	$0 \sim 50$
3	K_{DU}	HdU	电压偏差微分放大系数	015	$0 \sim 50$
4	K_{PI}	HPI	励磁电流偏差比例放大系数	025	$0 \sim 50$
5	K_{II}	HII	励磁电流偏差积分放大系数	002	$0 \sim 50$
6	K_{DI}	HdI	励磁电流偏差微分放大系数	015	$0 \sim 50$
7	K_{PQ}	Hpq	无功偏差比例放大系数	010	$0 \sim 20$
8	K_{IQ}	HIq	无功偏差积分放大系数	001	$0 \sim 20$
9	K_{DQ}	Hdq	无功偏差微分放大系数	000	$0 \sim 20$
10	K_{PP}	Hpp	有功偏差比例放大系数	015	0 ± 127（符号数）*
11	K_{IP}	HIp	有功偏差积分放大系数	000	0 ± 127（符号数）*
12	K_{DP}	Hdp	有功偏差微分例放大系数	015	0 ± 127（符号数）*
13	Ap	AP	低励限制线的斜率	150	$0 \sim 100$
14	Bq	bp	低励限制线的截距	-399	$-\infty \sim 0$

续表

序号	控制参数	显示符号	含 义	典型数值	调整范围
15	K_Q	Hq	无功调差系数	4.06	$-10 \sim +10$
16	H_{UF}	KUF	伏赫限制	1.14	$0.94 \sim 1.34$
17	GL_{IL}	9LIL	励磁电流过励限制启动值	4.95	$1.79 \sim 9$
18	Ucn	UCN	积分初值	85°	$65° \sim 95°$
19	TQ00	7q00	设备通信地址	0	$0 \sim 255$
20	CsoF-A	CsoF-A	恢复默认参数		
21	Cs1A-F	Cs1A-F	固化参数		
22	Cs2E-A	Cs2E-A	刷新参数		

注: * 如 -3,则显示253。

换算公式:

$K_{PU} = 1.3 \times K_p$ $\qquad$ K_p 为比例放大系数。

$K_{IU} = 0.64 \times K_p / T_I$ $\qquad$ T_I 为积分时间常数。

$K_{DU} = 1\ 600 \times K_p \times T_D$ $\qquad$ T_D 为微分时间常数。

WL-04B 微机励磁调节器显示量的说明见本附录末尾第6条。

2)默认(缺省)参数的恢复

①按"参数选择"按钮选择功能序号"0",显示"CS00F—E",表示选中参数恢复功能。

②按"参数设置"按钮进入参数设置状态。"参数设置"指示灯亮。

③同时按下"增量显示"按钮和"减量显示"按钮,则完成默认参数的恢复过程。

3)修改参数的步骤

①按"参数选择"按钮选择所需修改的参数。

②按"参数设置"按钮进入参数设置状态,此时"参数设置"灯亮。

③若增加参数值,则按"增量显示"按钮(上三角▲),若减小参数值,则按"减量显示"按钮(下三角▼);通常,按一次,参数增减1,若需大幅度增减,可按住按钮不放便可连续增减。

④修改完毕,按一次"参数设置"按钮,退出参数设置状态,此时"参数设置"灯熄。

4)参数的固化

修改后的参数如果不固化到 EEPROM 中去,则在掉电之后丢失。如果需要保存,则需要进行固化操作。固化操作步骤如下所述。

①按"参数选择"按钮,选择功能序号1,显示"CS01A～E",表示选中参数固化功能。

②按"参数设置"按钮进入参数设置状态,"参数设置"指示灯亮;

③同时按下"增量显示"按钮(上三角▲)和"减量显示"按钮(下三角▼),则完成参数固化过程。

(5)手动励磁方式的操作

当发电机启动成功后,在试验台的"操作面板"上,将"励磁方式"切换开关切向"手动励磁"方向,选定为手动励磁方式,然后将"操作面板"上的"手动励磁"旋钮逆时针调到输出最小值。按下发电机"励磁开关"的"红色"按钮,其"红色"按钮的指示灯亮,"绿色"按钮的指示灯灭,表示同步发电机励磁开关已投入,此时,可以从"励磁电流"表、"励磁电压"表和"发电机电压"表看到发电机励磁系统的工作状态。

顺时针调节"手动励磁"旋钮,则增加励磁,逆时针调节到减小励磁。

在试验过程中,根据发电机机端电压或输出无功功率大小的要求,调节"手动励磁"旋钮的位置,使满足试验要求。

手动励磁方式的停运,必须在发电机与系统解列后进行。首先,手动减负荷到零,然后解列,再将"手动励磁"旋钮逆时针旋至最小,最后按下"励磁开关"的"绿色"按钮,此时,其"绿色"按钮的指示灯亮,"红色"按钮的指示灯灭,表示发电机励磁投切开关已断开,发电机励磁绕组已停止供电,手动励磁方式的停止操作即告完成。

(6)WL-04B 微机励磁调节器

WL-04B 微机励磁调节器的显示量共有 19 个。

①发电机机端电压给定值 U_G。 　　　　　U9　　380.0

②发电机机端电压基准值 U_B。 　　　　　Ub　　380.0

③发电机机端电压励磁专用电压互感器测量值 U_1。 　Ul　　380.0

④发电机机端电压仪表用电压互感器测量值 U_2。 　U2　　380.0

⑤发电机端电压。 　　　　　　　　　　　UF　　380.0

⑥发电机并列母线电压 U_S。 　　　　　US　　100.0

⑦发电机励磁电流给定值 I_{LG}。 　　　　IL9　　1.00

⑧发电机励磁电流 I_L。 　　　　　　　ILdc　　1.00

⑨发电机励磁电压 U_L。 　　　　　　　UL　　20.0

⑩发电机频率 F。 　　　　　　　　　　F　　50.00

⑪发电机输出有功功率 P。　　　　　　　　P　16000

⑫发电机无功功率给定值 Q_G。　　　　　　99　1200

⑬发电机输出无功功率 Q。　　　　　　　　9　1200

⑭发电机低励限制。　　　　　　　　　　　9L　0.00

⑮全控桥控制角 α。　　　　　　　　　　LL　80.1

⑯发电机 A 相电流 I_A。　　　　　　　　　1A　3.000

⑰发电机 B 相电流 I_B。　　　　　　　　　1b　3.000

⑱发电机 C 相电流 I_C。　　　　　　　　　1C　3.000

⑲发电机出口对无穷大系统功率角。　　　　dd　20.0

附录 3　HGWT-03B 微机准同期控制器

在电力系统中,同步发电机的同期并列操作是一项经常性的基本操作。不恰当的并列将导致很大的冲击电流,甚至造成损坏发电机组的严重后果。为了保证安全、快速地并列,必须借助于自动准同期控制装置。传统的模拟式自动准同期装置由于其快速性和准确性欠佳,已不适应现代电力系统运行的高质量要求,采用微机自动准同期装置实现同步发电机自动准同期并列操作,可以做到既安全可靠,又快速准确,现已在电力系统中得到广泛的应用。

(1) HGWT-03B 微机准同期控制器的特点

HGWT-03B 微机准同期控制器是为大专院校教学目的而专门设计的全自动多功能微机准同期控制器装置,其面板图如附录图 3.1 所示,它按恒定越前时间原理工作,主要特点如下所述。

①可选择全自动准同期合闸(自动均压、均频与合闸)。

②可选择半自动准同期合闸(用信号灯指示操作人员进行均压与均频操作,当条件满足时自动合闸)。

③可测定断路器的开关时间(发电机开关的合闸动作时间,可通过整定"同期开关"时间继电器来调整)。

④可测定合闸误差角(DL 主触点闭合瞬间的相角差)。

⑤可改变频差允许值,电压差允许值,观察不同整定值时的合闸效果(冲击电流特点及合闸准备时间的长短)。

⑥按定频调宽原理实现均频均压控制,自由整定均频均压脉冲宽度系数,自由整定均频

均压脉冲周期;观察不同整定值时的均压均频效果(快速性与稳定性)。

⑦专门设置有关信号的测孔,可以用电压表测其幅值,或用示波器观察其波形。测孔信号有:发电机电压 U_G 波形、系统电压 U_X 波形、脉动电压 U_S(正弦整步电压)波形、宽度随相角差变化的"变宽脉冲"波形以及由"变宽脉冲"滤波所得的"三角波整步电压" U_{SL} 的波形,十分有利于教学示范与教学实验。

⑧可观察合闸脉冲相对于三角波的位置,测定越前时间和越前角度。

⑨可自由整定越前(开关)时间,整定时间范围 $0.02 \sim 0.98$ s。

⑩输出合闸出口电平信号,供试验录波之用。

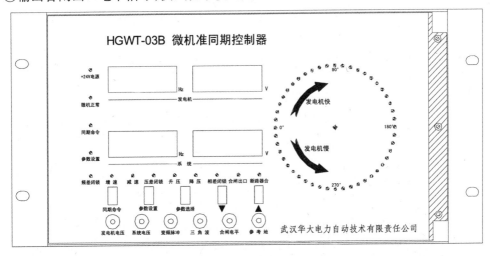

附录图 3.1　HGWT-03B 微机准同期控制器的面板图

(2)微机准同期控制器的输入/输出信号说明

①发电机电压、A、B 两相电压,接自发电机机端电压互感器,电压互感器变比为 380V/100 V,参见第 1 章:实验台一次系统原理接线图。

②发电机母线 A、B 两相电压,接自发电机母线上的电压互感器,电压互感器变比 380V/100 V。

③合闸输出接点,接到发电机开关合闸回路中。

④均压(升压、降压)接点,分别接励磁调节器的增磁和减磁调整回路。

⑤均频(加速、减速)接点,分别接(直流电动机)调速器的加速和减速调整回路。

⑥开关量输入:发电机开关辅助常开接点,用于检测断路器通断状态以及测定断路器合闸时间;同期命令接点,即同期开关信号,其作用是向微机准同期装置发布同期操作命令,主要用于远方控制或连接计算机监控系统,准同期控制器仅当收到同期命令,才检测准同期条件执行均频均压及合闸。

工作方式选择开关接点:分别选择全自动准同期。半自动准同期和手动准同期,接点闭合有效,默认方式为全自动准同期方式。

（3）微机准同期控制器操作方法

1）操作面板介绍

在操作面板上设有 LED 显示器、信号指示灯、LED 旋转灯光整步表、命令按钮、信号测孔等，介绍如下所述。

①16 位 LED 数码显示器。主要用以显示发电机频率、发电机电压、系统频率、系统电压及准同期控制整定参数。

②14 只信号指示灯。分别是：+24V 电源、微机正常、同期命令、参数设置、频差闭锁、加速、减速、压差闭锁、升压、降压、相差闭锁、合闸出口、DL（断路器）合、圆心。其意义如下：

a. +24V 电源：亮，表示 +24V 工作电源正常。

b. 微机正常：微机准同期控制器工作正常时，灯光闪烁；常亮或常熄表示控制器工作异常。

c. 同期命令：控制器仅当收到同期命令后，才进行均压、均频及检测合闸条件，并且当一次合闸过程完毕，或发出同期命令后在规定时间内没有检测到合闸，控制器会自动解除合闸命令，避免二次合闸。同期命令一般由运行人员通过同期开关发给控制器，也可用操作面板上的同期命令按钮给出，控制器收到同期命令，同期命令指示灯亮，微机正常灯闪烁加快；解除同期命令后，同期命令指示灯熄。

d. 参数设置：为适应不同应用场合（断路器开关时间或长或短，调速器调节机组转速的性能以及励磁调节器调节发电机电压的性能不同，同步发电机接入电力系统的连接阻抗不同等），准同期控制器需要灵活整定参数，使用时需要根据具体应用场合的实际情况选取一组最佳参数予以整定，整定完毕一般不再修改。

为防止误操作破坏原有控制参数，特设参数整定按钮和参数整定指示灯。参数整定指示灯亮，表示进入参数整定状态，此时可以修改参数；参数整定指示灯亮，表示退出参数整定状态，此时参数整定功能被闭锁；参数整定状态的进入与退出，由参数整定按钮控制，按参数整定按钮，参数整定状态的进入与退出交替出现。

e. 频差闭锁：当频差 Δf 大于整定的允许频差 Δf_y 时，灯亮，表示频差条件不满足，合闸被闭锁；当频差 Δf 小于整定的允许频差 Δf_y 时，灯灭，表示频差条件满足。

f. 加速：当频差 Δf 大于整定的允许频差 Δf_y 且发电机频率小于系统频率时，控制器输出加速脉冲，加速灯亮；灯亮持续时间正比于频差大小及均频系数，灯亮灭周期由均频周期决定。

g. 减速：当频差 Δf 大于整定的允许频差 Δf_y 且发电机频率大于系统频率时，控制器输出减速脉冲，减速灯亮；灯亮持续时间正比于频差大小及均频系数，灯亮灭周期由均频周期决定。

h. 压差闭锁：当压差 ΔV 大于整定的允许压差 ΔV_y 时，压差闭锁灯亮，表示压差条件不满足，合闸被闭锁；当压差 ΔV 小于整定的允许压差 ΔV_y 时，压差闭锁灯灭，表示压差条件满足。

i.升压:当压差 ΔV 大于整定的允许压差 ΔV_y 且发电机电压小于系统电压时,控制器输出升压脉冲,升压灯亮;灯亮持续时间正比于电压差大小及均压系数,灯亮灭周期由均压周期决定。

j.降压:当压差 ΔV 大于整定的允许压差 ΔV_y 且发电机电压大于系统电压时,控制器输出降压脉冲,降压灯亮;灯亮持续时间正比于电压差大小及均压系数,灯亮灭周期由均压周期决定。

以上加速、减速,升压、降压的调节量与其灯亮持续时间成正比。

k.相差闭锁:当相角 δ 大于允许越前角 δ_{yq}(允许越前角 δ_{yq} = 越前时间 t_{yq} × 滑差频率 $|\Delta\omega|$),相差闭锁灯亮,当相角 δ 小于允许越前角 δ_{yq} 灯熄。

l.合闸出口:当频差和电压差条件全部满足(此时微机正常灯闪烁速度进一步加快),控制器在当前相角 = 允许越前角的时刻发出合闸命令,此时合闸出口灯亮,合闸完毕灯熄,同时解除合闸命令,避免二次合闸,此时微机正常灯的闪烁速度恢复正常。

m.DL(断路器)合:反映发电机开关实际状态,灯亮表示断路器合,灯灭表示断路器跳开。

n.圆心:位于 LED 旋转灯光整步表的中心,当准同期合闸条件(频差和电压差、相角差)全部满足时,灯亮。

③LED 旋转灯光整步表。用48 只发光二极管围成一个圆圈,表示 360°相角(每点7.5°)。用点亮二极管的方法指示当前相角,因此当相角在 0～360°变化时,灯光就旋转起来,如同整步表一样。如将接入准同期控制器的系统电压取自线路末端,该灯光整步表还可在发电机并入系统后指示发电机机端电压与系统电压之间的功角。

④操作按钮。一共有 6 个按钮,它们分别是同期命令、参数设置、参数选择、下三角"▼"、上三角"▲"、复位。其功用如下:

a.同期命令:用于向控制器发出同期命令,控制器接收到同期命令后按准同期条件进行合闸控制的状态,同期命令按钮不能解除发出的同期命令,同期命令的解除只有当控制器发出一次合闸命令后自动解除;或者"同期方式"切换开关,切向"手动"同期方式时,同期命令自动解除。

b.参数设置:进入与退出参数设置状态。在参数设置状态,参数设置指示灯亮可以修改控制器的参数;退出参数设置状态,参数设置指示灯灭,控制器参数被保护,防止误操作修改。

c.参数选择:选择需要检查与修改的参数,共有 7 个参数,即开关时间、频差允许值、电压差允许值、均压脉冲周期、均压脉冲宽度、均频脉冲周期、均频脉冲宽度。以上 7 个参数循环出现,供检查或修改。

d.下三角"▼":在参数设置状态作为参数减按钮,否则作为显示画面切换按钮。

e.上三角"▲":在参数设置状态作为参数增按钮,否则作为显示画面切换按钮。

显示画面说明:

画面 1:发电机频率:49.9 Hz;　　　发电机电压:103.0 V;

系统频率:50.00 Hz;　　　系统电压:100.0 V。

画面2:频率差(发电机频率小于系统频率时为负)、电压差(发电机电压小于系统电压为负)

实际频率差: -0.10 Hz;　　　实际电压差:3.0 V;

允许频率差:0.30 Hz;　　　允许电压差:5.0 V。

画面3:1 1 1 1　　　1 1 1 1

相角差整定电压(V)、电压差整定电压(V)

画面4:以十六进制显示如下

开入1H	开入1L	开入2H	开入2L	开出1H	开出1L	开出2H	开出2L
按钮H	按钮L	P2DH	P2DL	BZ1H	BZ1L	BZ2H	BZ2L

　　f.复位:计算机复位。

　　⑤测试孔。为了有利于实验教学,特设置有关信号测试孔,供观察信号波形用。共有6个测试孔(含一个参考地),即发电机电压、系统电压、变宽度脉冲、(线性整步电压)三角波、合闸脉冲和参考地。各测试孔用途如下所述。

　　a.脉动电压的检测与波形观察:用交流电压表跨接于发电机电压测孔与系统电压测孔之间,可以检查脉动电压幅值变化情况(表示为电压指示表的变化),用示波器跨接电压表两端,可观察脉动电压的波形。

　　b.变宽度脉冲的检测与波形观察:用5 V直流电压表跨接于变宽脉冲测孔与参考地之间,可检测到脉冲宽度变化情况(表示为电压表指示的变化),用示波器跨接电压表两端,可观察变宽度脉冲的波形。

　　c.三角波的检测与波形观察:用5 V直流电压表跨接于三角波测孔与参考地之间,可检测到三角波瞬时值变化情况,用示波器跨接电压表两端,可观察三角波的波形。

　　d.越前角和越前时间测定:用双踪示波器同时观察三角波和合闸脉冲的波形,可以观察合闸信号的发出时刻对应三角波的位置,即可检测出越前角和越前时间。

　　⑥自动准同期并列操作。当实验台的"操作面板"上的"同期方式"选择开关切换到"全自动"位置时,微机准同期控制器按全自动方式工作。这时只要按一下同期命令按钮,则均压、均频、合闸等操作全由准同期控制器完成。

　　实验时,先通过操作面板上的"同期开关时间"来整定模拟断路器时间,即发电机开关合闸时间,根据整定值整定准同期控制器的"越前时间",再实际测定发电机开关实际动作时间,然后按测定的实际动作时间修正越前时间。实验时注意观察控制器均频过程及合闸冲击电流的大小。为调节机组转速大于、小于系统同步转速,调节发电机电压大于、小于系统电压,以及不同频率差和电压幅值差,观察均压均频过程。

　　⑦半自动准同期并列操作。当实验台的"操作面板"上的"同期方式"选择开关切换到

"半自动"位置时,微机准同期装置按半自动方式工作。此时准同期控制器通过指示灯的亮熄指示实验人员进行均压均频操作,或通过显示器显示发电机开关两侧频率和电压,或显示频差、电压差的大小及其方向,由实验人员判断进行均压均频操作。

当合闸条件满足时,准同期控制器发出合闸命令实现同步发电机同期并列操作。

(4)微机准同期控制器的参数整定

HGWT-03 微机准同期控制器提供了 22 个可整定参数:越前时间、允许频率差、允许电压差、均压脉宽、均压周期、均频脉宽、均频周期以及上一次开关实际合闸时间显示。整定方法及操作步骤如下所述。

1)进入参数整定状态
按"参数设置"按钮,参数设置指示灯亮,表示已进入参数整定状态。

2)选择待修改的参数
按"参数选择"按钮,显示器向下循环显示 22 个参数的当前数值,见附录表3.1。

附录表 3.1　准同期控制器显示参数及说明表

参数序号	备注说明
(1)当前开关时间越前时间:	参数整定范围:(越前时间整定)
Hg2004 = 1	0.020 ~ 0.98 单位:秒(s)
7DL = 0.300	对应 0.3 s
(2)A 组开关 1 时间越前时间:	参数整定范围:
Hg2004 = 2	0.00 ~ 0.98 单位:秒(s)
7A1 = 0.300	对应 0.3 s
(3)A 组开关 2 时间越前时间:	参数整定范围:
Hg2004 = 3	0.00 ~ 0.98 单位:秒(s)
7A2 = 0.300	对应 0.3 s
(4)A 组开关 3 时间越前时间:	参数整定范围:
Hg2004 = 4	0.00 ~ 0.98 单位:秒(s)
7A3 = 0.300	对应 0.3 s
(5)A 组开关 4 时间越前时间:	参数整定范围:
Hg2004 = 5	0.00 ~ 0.98 单位:秒(s)

续表

参数序号	备注说明
7A4 = 0.300	对应 0.3 s
(6)B 组开关 1 时间越前时间:	参数整定范围:
Hg2004 = 6	0.00~0.98 单位:秒(s)
7b1 = 0.300	对应 0.3 s
(7)B 组开关 2 时间越前时间:	参数整定范围:
Hg2004 = 7	0.00~0.98 单位:秒(s)
7b2 = 0.300	对应 0.3 s
(8)B 组开关 3 时间越前时间:	参数整定范围:
Hg2004 = 8	0.00~0.98 单位:秒(s)
7b3 = 0.300	对应 0.3 s
(9)B 组开关 4 时间越前时间:	参数整定范围:
Hg2004 = 9	0.00~0.98 单位:秒(s)
7b4 = 0.300	对应 0.3 s
(10)允许频差:	参数整定范围:
Hg2004 = A	0~0.4 单位:赫兹(Hz)
FSYH = 0.21	对应 0.21 赫兹(Hz)
(11)允许压差:	参数整定范围:
Hg2004 = b	2.8~10 单位:伏(V)
YCYH = 5.0	对应 5V
(12)均压脉宽系数:	参数整定范围:
Hg2004 = C	9~255
JYZg = 200	
(13)均压脉冲周期:	参数整定范围:
Hg2004 = d	0~255
JYHS = 127	

参数序号	备注说明
（14）均频脉宽系数： 　　　Hg2004 = E 　　　JPZg = 200	参数整定范围： 9～255
（15）均频脉冲周期： 　　　Hg2004 = F 　　　JPHS = 127	参数整定范围： 0～255
（16）开关时间测定值： 　　　Hg2004 = 0. 　　　7DLC = 0.240	整定范围： JdL ×××单位：秒（s） 实测数值
（17）设备号： 　　　Hg2004 = 1. 　　　JQNO ＝000	参数整定范围： 0～127 RS485 通信定义的设备号
（18）调试方波频率： 　　　Hg2004 = 2. 　　　HSOPL ＝49.90	参数整定范围： 49.33～50.66 Hz
（19）UF 校正系数： 　　　Hg2004 = 3. 　　　UFXS ＝215	参数整定范围： 200～255 电压 100V 对应的显示校正系数215
（20）UF1 校正系数： 　　　Hg2004 = 4. 　　　UFXS 1215	参数整定范围： 200～255 电压 100V 对应的显示校正系数215
（21）UX 校正系数： 　　　Hg2004 = 5. 　　　UXXS ＝215	参数整定范围： 200～255 电压 100V 对应的显示校正系数215

续表

参数序号	备注说明
(22) UX1 校正系数： Hg2004 = 6. UXXS 1215	参数整定范围： 200 ~ 255 电压 100V 对应的显示校正系数 215

3）调整参数

下三角"▼"：在参数设置状态作为参数减按钮，每次 −1；

上三角"▲"：在参数设置状态作为参数增按钮，每次 +1。

4）整定完毕

按一下"参数设置"按钮，"参数设置"指示灯熄灭，退出参数设置状态。

5）参数固化

退出参数设置状态，同时按：参数选择 + 增 + 减 3 个按钮 = 参数固化。

注意：

①"同期开关时间"的时间继电器，量程选择"X1"的"sec"量程，即与实际系统断路器动作时间相符。

②"同期开关时间"的整定，仅在微机准同期控制的方式下有效，在手动准同期方式下，只有接触器固有动作时间 30 ms 左右，不可调整。

(5) 手动准同期方式的操作

当"发电机频率"接近 50 Hz 且发电机开关两侧电压接近相等的前提下，将"操作面板"上的"同期方式"选择开关切换到"手动"方式，此时"发电机开关"两侧的电压施加到"同期表"上。若并列条件不完全满足时，"同期表"中反映两侧电压差的右侧电压表，反映两侧频率差的左侧频率表，便会有偏转，而正中位置反映两侧电压相角差瞬时值的转差值指针也会旋转起来。

在两侧电压相序相同的前提下，准同期并列的条件为并列开关两侧电压大小相等、频率相同、开关合闸瞬刻两侧电压相角差为零，通过调整发电机的电压和频率来满足准同期并列条件。

"同期表"中反映两侧电压差的电压表，若为"+"值，表示发电机电压高于系统电压；若为"−"值，则表示发电机电压低于系统电压。可以调节发电机的励磁来改变发电机电压或者调整无穷大电源调压器来改变系统电压，使两侧电压差接近为零值。

"同期表"中反映两侧频率差的频率表，若为"+"值，此时，反映两侧电压相角差瞬时值的指针会作顺时针旋转，这表示发电机频率高于系统的频率；若频率表为"−"值，指针会逆时针旋转,则表示发电机的频率低于系统的频率,使两侧频率达到相同,只有调节原动机的转速来实现。

当满足准同期并列条件时,按下"发电机开关"的"红色"按钮其"红色"按钮的指示灯亮,"绿色"按钮的指示灯灭,表示同步发电机已并入系统。

应该特别指出,按下"发电机开关"的"红色"按钮(发出合闸命令)到发电机并列开关触头接通,有一个小的时间间隔(约30 ms)。当准同期并列要并列开关触头接通的瞬间,两侧电压相角差的瞬时值为零("同期表"的转差指针在中间位置),即合闸角为零。因此,通常要使两侧电压的频率有很小的差,使转差指针缓慢转动(通常让发电机的频率略高,指针顺时针旋转)。这样,必须在指针趋向零值而未到零值之前按下按钮,这个提前角度称为准同期并列"合闸导前角"。合闸导前角与频率差大小有关,还与开关动作时间有关。当"合闸导前角"在操作时掌握不好,合闸角将不为零,则并列时将会产生冲击(可以从发电机的有功、无功、电流、电压等表计摆动中看到)。

注意:

发电机同期并列成功后,"同期表"中的频率表、电压表均指示为零、转差指针也停在中间而不再转动。但是,"同期表"上仍施加着发电机并列开关两侧的电压(虽然完全相同),同期表按规定不允许长期带电工作,为此,必须将"同期表"退出工作,即将"同期方式"开关切换到"OFF"位置即可。

附录4　YHB-A 微机保护装置

YHB-A 微机保护装置是专为实验教学设计的装置,它是采用当今先进的软、硬件技术开发的新一代微机保护产品,主要用于电力类专业的实验教学,其主要特点是:

①采用高性能的 80C196 为主体,具有很好的稳定性和极高的可靠性。

②数码管显示各种信息,操作简单、灵活,调试方便,有利于实验教学。

③完善的事故分析功能,包括保护动作事件记录、事件顺序记录和保护投退—装置运行—开入记录。

④保护装置整定值可进行浏览和修改。

⑤装置自身具有良好的自诊断功能。

⑥封闭、加强型单元机箱结构,可分散或集中安装于开关柜或实验台上运行。

⑦现场手动跳、合闸操作,便于处理紧急事故。

⑧具有过流选相跳闸、自动重合闸功能。

(1)微机保护装置面板介绍

微机保护装置的面板示意图如附录图4.1所示。

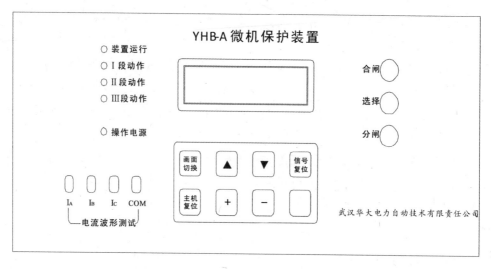

附录图4.1　YHB-A微机保护装置面板图

微机保护装置面板布置示意图分成6个区域,如下所述。

①面板正中上层为数据信息显示屏区域。

②面板左上角为信号指示灯区域。

③面板左下角为电流波形测试区域。

④面板右上角为手动跳、合闸操作区域。

⑤面板正中下层区域为保护装置进行人机对话的键盘输入区。

显示屏为数码管构成,也可为液晶显示屏,当显示屏由数码管构成时,其明亮的特点尤其适用于实验教学的要求。

(2)装置面板各部分的功能

1)显示屏

微机保护的显示内容分为4个部分,即正常运行显示、故障显示、整定值浏览和整定值修改。

①正常运行显示。正常运行显示内容根据不同的保护有不同的项目,每项显示由类型代码和反映其测量大小的数据组成。

②故障显示。故障显示是在装置检测到故障并满足预先设定的条件后自动从正常显示状态切换到故障显示画面,本保护装置的故障显示由7个画面组成,相应记录过去7次故障数据,最近的故障画面在最上层,通过"▲"或"▼"键可浏览所有画面,且浏览过程是连续进行的,即当到达第七个故障画面时,再按"▼"键时将显示第一个画面,当到达第一个画面时,再按"▲"键将显示第七个画面的内容,每个故障画面包含了故障的类型和故障电流的大小。

③整定值浏览。整定值浏览可观看装置的保护设置情况,但不能够修改整定值的大小;在进入整定值修改画面后,可通过使用"▲""▼"键观看装置的保护设置情况,通过配合使用

"＋""－"键可修改整定值的大小或设置性质,具体操作方法见后述的装置整定值设置部分说明。

④整定值修改。当采用数码管时,每次显示由类型代码及反映测量大小的数据组成,其相关代码见附录表4.1。

附录表4.1　微机保护显示屏显示内容及相关含义表

显示画面类型	显示屏内容及含义	
正常显示画面	1A-×××	A 相电流幅值,×××表示电流幅值的大小(以下同)。
	1B-×××	B 相电流幅值
	1C-XXX	C 相电流幅值
故障显示画面	GA-×××	A 相过电流
	Gb-×××	B 相过电流
	GC-×××	C 相过电流
	GL-×××	非单相过流
	-CH-A-	A 相重合闸
	-CH-b-	B 相重合闸
	-CH-C-	C 相重合闸
	—JS—	加速跳闸
	—├A—	主板芯片 62256 故障
	—├0—	主板芯片 27C256 故障
	-8255-	主板芯片 8255 故障

说明:①数码管显示由 6 位组成,前三位显示变量的代码,后三位显示的是其幅值大小。

②过流故障保护动作时,显示的前三位构成故障的类型,后三位是保护动作时故障电流幅值的大小。

③过流故障保护动作时,启动显示面板上的相应指示灯。

④装置故障时,只显示故障代码。

2)指示灯

在面板左上角的指示灯区域,"装置运行"指示灯反映了程序的运行状况,当此指示灯闪烁时表示程序运行正常;"操作电源"指示灯反映了操作电源的状况,当装置的出口继电器没有操作电源时,此指示灯将熄灭;"A 相过流"指示灯点亮表示 A 相电流幅值超过了整定值,装置已经发出了 A 相跳闸命令;"B 相过流"指示灯点亮表示 B 相电流幅值超过了整定值,装置已经发出了 B 相跳闸命令;"C 相过流"指示灯点亮表示 C 相电流幅值超过了整定值,装置已经发出了 C 相跳闸命令;当这 3 个过流指示灯同时点亮时,表示手动分闸操作,或发生了加速跳闸操作(这时显示屏内容为"—JS—"。),或发生了非单相过流故障(这时显示屏内容格式为"GL-×××"。),或接触器位置信号变化发生持续时间没有超过 10 ms,就发生了单相故障。

(3)电流波形测试区域

由"I_A""I_B""I_C""COM"4 个微机电压测试孔组成故障电流测试,可用存贮示波器,记录故障时的 I_A、I_B、I_C 短路电流。

4)手动跳合闸操作区域

由"合闸""分闸"和"选择"3 个按钮组成了手动分、合闸操作区域。当同时按压"选择"按钮和"合闸"按钮时,将进行手动合闸操作,这时可将线路两侧的 6 个接触器同时合上;当同时按压"选择"按钮和"分闸"按钮时,将进行手动分闸操作,这时可将线路两侧的 6 个接触器同时分开。

5)键盘输入区域

键盘输入区域位于装置的正中下层位置。它们是进行人机对话的纽带,其每个触摸按键的作用如下所述。

①画面切换。用于选择微机的显示画面。微机的显示画面由正常运行画面、故障显示画面、整定值浏览和整定值修改画面组成,每按压一次"画面切换"按键,装置显示画面就切换到下一种画面的开始页,画面切换是循环进行的。

②"▲"。选择下一项按钮,主要用于选择各种整定参数单元。

③"▼"。选择上一项按钮,主要用于选择各种整定参数单元。

④信号复位。用于装置保护动作之后对出口继电器和信号指示灯进行复位操作。

⑤主机复位。用于对装置主板 CPU 进行复位操作。

⑥" + "。参数增加按钮,主要用于修改整定值单元的数值大小。

⑦" – "。参数减小按钮,主要用于修改整定值单元的数值大小。

⑧另一个按钮是为了进一步开发所保留的按钮,现阶段没有使用。

(3)微机保护装置整定值设置

微机保护装置有两种定值类型:投退型(或开关型)和数值型。定值表中(或定值显示)为"ON/OFF"的是保护功能投入/退出控制字,设为"投入"时开放本段保护,设为"退出"时退出本段保护。

整定时不使用的保护功能应将其投入/退出控制字设置为"退出"。

采用的保护功能应将其投入/退出控制字设置为"投入",同时按系统实际情况,对相关电流、电压及时限定值认真整定。

本装置中与整定值有关的显示画面有两种类型:整定值浏览和整定值修改。

在整定值浏览显示画面时,只能够通过使用触摸按键"▲""▼"观看整定值的设置情况,但不能够对其进行修改。

在输入密码正确的情况下可进入整定值修改显示画面,这时的整定值是可以进行修改的。进入整定值修改显示画面的方法:多次按压"画面切换"触摸按钮直到出现输入密码画面(当显示选择为数码管时,要等到出现显示"[PA-]"画面),再通过按压触摸按钮"+"或"-"输入密码,待密码输入好后按压触摸按键"▼",这时,如果输入密码正确就可进入整定值修改显示画面,否则将不能够进入。当同时按下"+""-"键时可恢复为出厂默认值。

*进入整定值修改显示画面的简捷方法:同时按压触摸按键"▲"和"▼"。

在进入整定值修改显示画面之后,通过按压触摸按键"▲""▼"可选择不同的整定项目,对投退型(或开关型)整定值,通过按压触摸按钮"+"可在投入/退出之间进行切换;对数值型整定时,通过触摸按钮"+""-"对其数据大小进行修改。当整定值修改完成之后,按压"画面切换"触摸键进入定值修改保存询问画面,这时,显示画面内容为"yn - ",选择按压触摸键"+"表示保存修改后的整定值;若选择按压触摸键"-",则表示放弃保存当前修改的整定值,仍使用上次设置的整定值参数。

本装置的所有整定值参数均保存在非易失性的 E^2PROM 芯片 X25043 之中。X25043 除了保存整定值参数外,还具有低电压复位和软件看门狗的功能。

注意:

①电流显示系数和电压显示系数的数值大小是装置在出厂时已经调整好的,用户不应对其再进行修改。

②当装置显示画面为非正常运行画面时,若在 10 s 内没有对任何触摸按钮进行操作,则会自动切换到正常运行显示画面。特别是在进行整定值修改时,若被自动切换到正常运行显示画面,就意味着在此前进行的整定值修改将不起作用。

③整定值参数的取值范围、步长可根据用户的要求进行。

采用数码管作显示时,整定值代码及所表示的含义见附录表4.2。

附录表4.2 保护单元箱显示屏序号、内容及含义表

定值显 示序号	综合自动化保护单元箱显示屏内容及含义
01	过流保护动作延迟时间
02	重合闸动作延迟时间
03	过电流幅值整定值
04	过流保护投切选择

续表

定值显示序号	综合自动化保护单元箱显示屏内容及含义
05	重合闸投切选择
06	电流显示系数
PA-	微机保护单元箱新密码设置

说明:整定值显示格式:XY-ABC

其中:XY 表示整定值显示序号;ABC 表示对应整定值的大小或性质。

4)整定值修改示例与注意事项

通过结合综合自动化装置各单元箱整定值的不同设置可达到实现不同实验的目的。保护装置整定值的修改比较简单,方法之一是通过"画面切换"按键进入整定值修改显示画面,在输入正确的密码后就可改变整定值的大小或性质;方法之二是通过同时按压触摸按键"▲"和"▼"就可直接进入整定值修改显示画面,再通过按"▲"或"▼"键到达准备修改的显示参数,通过"＋"或"－"键进行。例如,要修改重合闸动作时间为 1.5 s,可依下面的步骤进行:

①同时按压触摸按键"▲"和"▼"直接进入整定值修改显示画面,这时显示画面为"01-×××"(×××为过流保护动作时间)。

②按压触摸按键"▼",使显示画面为"02-×××"(×××为上次设置的重合闸延时时间)。

③按压触摸按键"＋"或"－"键,使显示画面中的×××为 1.5 s。

④按压触摸按键"画面切换"键,这时显示画面应为"yn-"(它提醒操作人员:选择按压触摸按键"＋"键,就可保存已经修改了的整定值;选择按压触摸按键"－"键,就表示放弃当前对整定值参数进行的修改,继续使用上次设置的整定值)。

⑤按压触摸按键"＋"键,保存对整定值参数所作的修改。不管所选择的按键是"＋"键、还是"－"键,按键后的显示画面应为正常显示的第一个画面。

整定值修改完成之后,可通过整定值浏览画面观察修改后的参数设置情况。

注意:

①在做单相故障和重合闸实验时,单相故障的时间应该选择在接触器合闸 10 s 之后进行,否则,在故障发生时将会跳三相,并显示"GL-×××",且不会进行重合闸操作。

②在本装置中,非单相故障,或接触器合闸后 10 s 内的单相故障,满足跳闸条件时将同时分开三相接触器,且不能够进行重合闸操作。

③重合闸操作进行后,若故障仍存在,装置将发出加速跳闸命令,同时分开三相接触器。

附录 5　PS-7G 电力系统微机监控实验台

(1) 实验操作台和无穷大系统

实验操作台是由输电线路单元、联络变压器和负荷单元、仪表测量单元、过流警告单元以及短路故障模拟单元组成。

无穷大系统是由 20 kV·A 的自耦调压器构成,通过调整自耦调压器的电压可以改变无穷大母线的电压。

注意:应该特别指出,在进行试验前,必须先阅读本使用说明书,了解和掌握操作方法后,方可独立地进行电力系统的实验研究。

1) 电源开关的操作

实验操作台的"操作面板"上有模拟接线图。操作按钮以及指示灯和多功能电量表。操作按钮与模拟接线图中被操作的对象结合在一起,并用灯光颜色表示其工作状态,具有直观的效果。红色灯亮表示开关在合闸位置,绿色灯亮表示开关在分闸位置。

在实验操作台"操作面板"左上方有一个"操作电源",此开关向整个台体提供操作电源和计算机、打印机、多功能电量表的工作电源,并给指示灯和 PLC 用的直流 24 V 稳压电源供电。

因此,在开始各部分操作之前,都必须先投入"操作电源"(向上扳至"ON"),此时反映出各开关位置的绿色指示灯均亮,同时 9 块多功能电量表上电。在结束实验时,其他操作都正确完成之后,同样必须断开操作电源(向下扳至"OFF")。

2) 无穷大系统的操作

所谓无穷大电源可以看作是内阻抗为零,频率、电压以及相位都恒定不变的一台同步发电机。在本实验系统中是将交流 380 V 市电经 20 kV·A 自耦调压器;通过监控台输电线路与实验用的同步发电机构成"一机—无穷大"或"多机(本台最多可接七机)—无穷大"的电力系统。

①无穷大电源的投入操作。在投入"操作电源"之后,投入"动力电源",此时自耦调压器原方已接通了动力电源。按下无穷大系统的"系统开关"(红色按钮),"系统开关"合上后,红色按钮指示灯亮,表示无穷大母线得电,通过线路测量的多功能电量表观察系统电压是否为实验要求值。

调整自耦调压器把手,顺时针增大或逆时针减少输出至无穷大母线上的电压,调整至实验要求值(一般为 380 V),即完成无穷大电源投入工作。

注意:通过多功能电量表的电压栏,观察 3 个线电压(U_{AB},U_{BC},U_{CA})和 3 个相电压(U_{AN},

U_{BN}，U_{CN}）同时要弄清相电压或线电压额定值以免造成过电压,而烧损设备。

②无穷大电源的切除操作。无穷大电源的切除操作大多数是在实验完成后,发电机已与系统解列,所有线路均已退出工作之后进行。

按下"系统开关"的"绿色"按钮,其"绿色"按钮的指示灯亮,"红色"按钮的指示灯灭,表示系统开关已断开,无穷大电源的切除操作完成。

3）输电线路与短路实验操作

在电力网的结构图中,共有 6 条输电线路将 7 台发电机与无穷大系统相连。其中一条线路设有故障点,在进行暂态稳定试验时,在输电线路 XL_B 上发生短路故障,继电保护要将线路 XL_B 切除,即跳"QF_C""QF_F"线路开关,为后面叙述方便,称该线路为"可控线路",其他线路仅能用手动进行操作,称为"不可控线路"。

①"不可控线路"的操作。线路 XL_A、XL_D、XL_E 分别由单开关"QF_A""QF_H""QF_I"控制,按下"QF_A"的"红色"按钮,其"红色"按钮的指示灯亮,"绿色"按钮的指示灯灭,表示开关"QF_A"已投入,即 MA 母线与 MF 母线通过 XL_A 相连。XL_D、XL_E 线路的投入与前面相类似,"QF_B"是 MA 母线与 MB 母线之间的母联开关。合母联开关时,注意观察两母线是否存在同期问题。

线路 XL_C、XL_F 分别由两端开关"QF_D、QF_E""QF_J、QF_K"控制,即按上述操作,将两端开关都合上以后,该线路才投入运行。"QF_P"是 MC 母线与 ME 母线之间的母联开关,同理,此开关操作要注意同期问题。

注意:母联开关、线路开关的操作之前一定要分析是否存在同期问题,或者解列问题。如存在同期问题,则应先将独立发电机解列,然后合上母联,或者线路开关,之后再将独立发电机同期。

②"可控线路"的操作。"可控线路"的常规操作与"不可控线路"的操作一样,只是在"可控线路"上预设有短路点并装有保护控制回路,可控制"QF_C""QF_F"的跳闸,当 XL_B 线路末端发生三相短路时,即按下长方形红色的"短路操作"按钮。保护装置通过延时后将"QF_C""QF_F"开关跳开,即切除故障线路,保护动作时间可以通过控制台后面的时间继电器整定,一般选择应在 0.3 s 以内。

注意:多机电力系统的短路电流很大,线路保护的动作时间应很快,一般为 0.1～0.3。故时间继电器整定时,要选择"sec"位置,量程选择为"1.2"挡位。且故障一定要检查时间继电器是否选择正确动作时间。

4）发电机并列和解列

当无穷大电源投入,各线路开关均合上以后,即 MA 母线、MB 母线、MC 母线、ME 母线均得电。合上"QF_G"开关 MD 母线也得电。通过多功能电量表,可以观察到各母线上的电压。

"操作面板"上5台发电机的并列开关其红色的按钮状单元仅仅只是一个并列开关位置指示灯。当"WDT-ⅢC(或WDT-Ⅳ)电力系统综合自动化试验台"上的并列开关合上时,则该开关显示合闸位置的红色指示灯亮。而"绿色"按钮按下时,则跳"综合自动化试验台"上的并列开关,并且显示跳闸位置的绿色指示灯亮、红色指示灯灭。

以上所述说明"电力系统微机监控实验台"对远方的发电机同期只能进行跳闸控制,不能进行并列控制,但显示其开关位置信号。

故所有的发电机并列控制均在该发电机的控制台上进行,见"WDT-ⅢC(或WDT-Ⅳ)电力系统综合自动化实验台使用说明书",而解列控制可以在现地进行,也可以在"电力系统微机监控实验台"上进行。

注意:当做多机系统联网试验时,所有"综合自动化实验台"上的无穷大开关以及线路开关均不能合上,对大系统而言"综合自动化实验台"仅仅只是用发电机及其控制系统和同期操作。如将该台上无穷大和线路开关合上,虽然有互锁功能,但有可能造成两个无穷大系统短路。短路后果严重,一定要引起重视!

5)联络变压器和负荷的操作

当MF母线得电,则联络变压器带电。当合上"QF$_G$"开关、则MF母线的电送至MD母线,联络变压器的变比是可以改变的,从而使MF母线与MD母线成为两个不同电压等级母线。

LD$_A$、LD$_B$负荷在MD母线上,而LD$_C$负荷在MC母线上。合上其开关则将负荷投入各自母线。当任何一组负荷投入运行时,则控制台左侧的两台送风风扇和右侧的两台抽风风扇将自动同时启动。当负荷全部故障时,冷却风扇延时停机。其中LD$_B$负荷可以改变其大小和负荷性质,即在控制台后有一个三相三掷刀闸。选择"纯电阻""感性负荷""纯电感"从而改变负荷功率因数和负荷功率大小。

注意:当任何一组负荷投入运行时,4台冷却风扇自动启动,此风扇具有良好地散热效果。如果有风扇没有工作,则应停机检修,否则负荷的大量热能会烧损设备。

6)操作注意事项

①应该特别指出,在进行实验前,必须先阅读本使用说明书,了解和掌握操作方法后,方可独立地进行电力系统的实验研究。

②多机电力系统的短路电流很大,线路保护的动作时间应很快,一般为0.1~0.3。故时间继电器整定时,要选择"sec"位置,量程选择为"1.2"挡位。且故障一定要检查时间继电器是否选择正确动作时间。

③当做多机系统联网实验时,所有"综合自动化实验台"上的无穷大开关以及线路开关均不能合上,对大系统而言"综合自动化实验台"仅仅只是用发电机及其控制系统和同期操作。如将该台上无穷大和线路开关合上,虽然有互锁功能,但可能造成两个无穷大系统短路。

④通过多功能电量表的电压栏,观察3个线电压(U_{AB}、U_{BC}、U_{CA})和3个相电压(U_{AN},U_{BN},U_{CN})同时要弄清相电压或线电压额定值以免造成过电压,而烧损设备。

⑤多机电力系统的短路电流很大,线路保护的动作时间应很快,一般为 0.1~0.3。故时间继电器整定时,要选择"sec"位置,量程选择为"1.2"挡位。且故障一定要检查时间继电器是否选择正确动作时间。

(2)测量系统的配置

微机监控实验台对电力网的 6 条输电线路,1 台联络变压器、2 组负荷全部采用了微机型的多功能电量表。可以现地显示各支路的所有电气量。"电力网测量系统接线图"如附录图 5.1所示,在该图中标明了"同名端",即功率的方向。

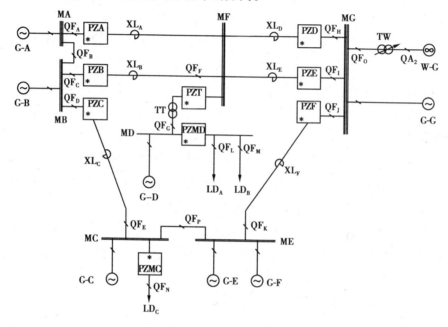

附录图 5.1　电力网测量系统接线图

监控台上共有 9 块多功能电量表,分别如下所述。

第一块多功能电量表为"MC 负荷测量",即图中"PZMC"符号表示,测量 MC 母线电压和 LD_C 负荷电量。

第二块多功能电量表为"XL_A 线路测量",即图中"PZA"符号表示,下方对应"XL_A 过流"指示灯。

第三块多功能电量表为"XL_B 线路测量",即图中"PZB"符号表示,下方对应"XL_B 过流"指示灯。

第四块多功能电量表为"XL_C 线路测量",即图中"PZC"符号表示,下方对应"XL_C 过流"指示灯。

第五块多功能电量表为"联络变压器测量",即图中"PZT"符号表示,测量 MF 母线电压和联络变压器向 MF 母线输送的功率。

第六块多功能电量表为"XL_D 线路测量",即图中"PZD"符号表示,下方对应"XL_D 过流"

指示灯。

第七块多功能电量表为"XL$_E$ 线路测量",即图中"PZE"符号表示,下方对应"XL$_E$ 过流"指示灯。

第八块多功能电量表为"XL$_F$ 线路测量",即图中"PZF"符号表示,下方对应"XL$_F$ 过流"指示灯。

第九块多功能电量表为"MD 负荷测量",即图中"PZMD"符号表示,测量 MD 母线电压和 LD$_A$、LD$_B$ 负荷的总电量。

在 XL$_A$ 线路上,当功率从 MA 母线流向 MF 母线时,电量表 PZA 显示为"正",反之显示为"负"。如显示为"负",即功率从 MF 母线流向 MA 母线。同理可见"同名端"的方向是发电机指向系统的方向,即各台发电机均向系统输电时,所有的线路上电量表显示均为"正"。

在负荷测量中,电量表 PZMD 显示的是 MD 母线上的负荷,即 LD$_A$ 和 LD$_B$ 的负荷总和,此电量表永远显示为"正"。电量表 PZMC 显示的是 MC 母线上的负荷,即 LD$_C$ 也显示为"正"。

在联络变压器测量中,电量表 PZT 显示的是流经变压器的电量,当功率从 MD 母线流向 MF 母线则电量表 PZT 显示为"正",反之显示为"负"。

当输电线路电流大于 5 A,则该线路测量用的多功能电量表下方黄色过流指示灯亮,当该线路电流低于 5 A 后,则过流指示灯灭。

附录6　功率角指示器原理

同步发电机组装有功率角指示器装置,用它来测量发电机电势与系统电压之间的相角 δ,即发电机转子相对位置角。

一般实验室是采用闪光测速原理来测量功角 δ。即在发电机轴上固定一个圆盘,根据发电机的极数,在圆盘上画上相应数量的箭头,如发电机是四极的或者六极,则在圆盘上相应画上四箭头或者六箭头,如附录图 6.1 所示。

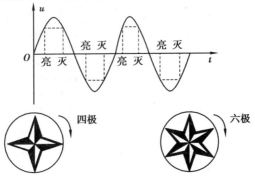

附录图 6.1　功率角指示器原理图

闪光灯采用普通日光灯管,因为日光灯管要在两端电压达到一定值时,才会放电发光,因此,加上交流电压时它便按交流电压的频率变化而闪光。正常时,由于所加交流电压较高,闪光持续时间较长。如果控制交流电压频率的幅值或使之波形变为尖峰波,则闪光持续时间缩短,只有它在电压达到最大值瞬刻才闪光。这样,日光灯管的闪光时刻便可以代表所施电压的相位,并且转盘箭头清晰。

另外闪光灯的电源是从"无穷大电源"取得的,所以闪光灯的频率是系统频率,因为闪光灯是发闪的。电压高时最亮,否则熄灭,因此 1 s 内有 100 个最亮点,100 个不亮点,当最亮时,人的眼睛能看到箭头,否则看不见。如果电机的旋转一周所需的时间与闪光灯两次闪光的间隔时间相等或整数倍,则箭头每次到达同一位置时便能看见它。这样,便可看见箭头好像停在一个地方不动,故称此时发电机电压频率与无限大电源频率同步。

如果电机的旋转速度小于同步转速时,即每当闪光最亮时,箭头没有达到前一个最亮瞬间所处的位置,因此箭头如像往后倒退;反之如果电机的旋转速度大于同步转速,则箭头好似往前转一样。每分钟向前转的转数,就表示每分钟大于同步转速的转数。

当发电机与系统并网以后(冲击电流很小),即发电机电势 E_q 与系统电压 U_s 的频率同相,则功率角 $\delta = 0$,此时箭头所指位置,表示为 $\delta = 0$ 的位置。调整机架上的刻度盘,将零刻度值对准箭头,即为功角测量调零。

当增加发电机有功功率输出时,功角 δ 将增大到 $\delta = \delta_0$ 的值,即发电机电势 E_q 超前系统电压 U_s。当箭头转到 E_q 为最大值的位置时,而电压 U_s 尚未到达最大值,日光灯不闪光,所以看不到箭头,要等箭头再转一个角度后,电压 U_s 才达到最大值,即日光灯闪亮,便看见箭头指向新位置,这新的位置与原来 $\delta = 0$ 的位置间的夹角,便是功角 δ_0,刻度角都是按该发电机的电角度来刻画的,所以可以直接从刻度盘上读出 δ 的电角度值。

附录7 MATLAB/SIMULINK 软件

MATLAB 是由美国 MathWorks 公司开发的大型软件。MATLAB 的名字有 MATrix 和 LABoratory 两词的前 3 个字母组合而成。在该软件中,包括了两大部分:数学计算和工程仿真。其数学计算部分提供了强大的矩阵处理和绘图功能。在工程仿真方面,MATLAB 提供的软件支持几乎遍布各个工程领域,而不且不断加以完善。

MATLAB 以商品形式出现后,短短几年时间,就以良好的开放性和运行的可靠性,使原先控制领域里的封闭式软件包纷纷被淘汰,而改以 MATLAB 为平台加以重建。进入 20 世纪 90 年代,MATLAB 已经成为国际控制界公认的标准计算软件。到 20 世纪 90 年代初期,在国际上 30 几个数学类科技应用软件中,MATLAB 在数值计算方面独占鳌头,受到学生们的欢迎。

该软件的特点如下:

①高级语言可用于技术计算。

②开发环境可对代码、文件和数据进行管理。

③交互式工具可以按迭代的方式探查、设计及求解问题。

④数学函数可用于线性代数、统计、傅立叶分析、筛选、优化以及数值积分等。

⑤二维和三维图形函数可用于可视化数据。

⑥各种工具可用于构建自定义的图形用户界面。

⑦各种函数可将基于 MATLAB 的算法与外部应用程序和语言（如 C、C＋＋、Fortran、Java、COM 以及 Microsoft Excel）集成。

应用软件开发（包括用户界面）在开发环境中，使用户更方便地控制多个文件和图形窗口；在编程方面支持了函数嵌套，有条件中断等；在图形化方面，有了更强大的图形标注和处理功能，包括连接注释等；在输入输出方面，可以直接向 Excel 和 HDF5 进行连接。

在 MATLAB 系列软件中，推出了 SIMULINK。这是一个交互式操作的动态系统建模、仿真、分析集成环境。它的出现使人们有可能考虑许多以前不得不做简化假设的非线性因素、随机因素，从而大大提高了人们对非线性、随机动态系统的认知能力。

在 SIMULINK 环境中，利用鼠标就可以在模型窗口中直观地"画"出系统模型，然后直接进行仿真。它为用户提供了方框图进行建模的图形接口，采用这种结构画模型就像用手和纸来画一样容易。它与传统的仿真软件包微分方程和差分方程建模相比，具有更直观、方便、灵活的优点。SIMULINK 模块库提供了丰富的描述系统特性的典型环节，有信号源模块库（Source），接收模块库（Sinks），连续系统模块库（Continuous），离散系统模块库（Discrete），非连续系统模块库（Signal Routing），信号属性模块库（Signal Attributes），数学运算模块库（Math Operations），逻辑和位操作库（Logic and Bit Operations）等，此外还有一些特定学科仿真的工具箱。用户也可以定制和创建用户自己的模块。用 SIMULINK 创建的模型可以具有递阶结构，因此用户可以采用从上到下或从下到上的结构创建模型。在定义完一个模型后，用户可以通过 SIMULINK 的菜单或 MATLAB 的命令窗口键入命令来对它进行仿真。采用 SCOPE 模块和其他的画图模块，在仿真进行的同时，就可观看到仿真结果。除此之外，用户还可以在改变参数后来迅速观看系统中发生的变化情况。仿真的结果还可以存放到 MATLAB 的工作空间里做事后处理。模型分析工具包括线性化和平衡点分析工具、MATLAB 的许多工具及 MATLAB 的应用工具箱。由于 MATLAB 和 SIMULINK 集成在一起，因此用户可以在这两种环境下对自己的模型进行仿真、分析和修改。

SIMULINK 支持连续、离散以及两者混合的线性和非线性系统，同时它也支持具有不同部分拥有不同采样率的多种采样速率的仿真系统。在其下提供了丰富的仿真模块。其主要功能是实现动态系统建模、仿真与分析，可以预先对系统进行仿真分析，按仿真的最佳效果来调试及整定控制系统的参数。SIMULINK 仿真与分析的主要步骤按先后顺序为：从模块库中选择所需要的基本功能模块，建立结构图模型，设置仿真参数，进行动态仿真并观看输出结果，针对输出结果进行分析和比较。

SIMULINK 为用户提供了一个图形化的用户界面(GUI)。对于用方框图表示的系统,通过图形界面,利用鼠标单击和拖拉方式,建立系统模型就像用铅笔在纸上绘制系统的方框图一样简单,它与用微分方程和差分方程建模的传统仿真软件包相比,具有更直观、更方便、更灵活的优点。不但实现了可视化的动态仿真,也实现了与 MATLAB、C 或者 FORTRAN 语言,甚至和硬件之间的数据传递,大大扩展了它的功能。

参考文献

[1] 杨德先,陆继明. 电力系统综合实验——原理与指导[M]. 2 版. 北京:机械工业出版社,2010.

[2] 何养赞,温增银. 电力系统分析[M]. 3 版. 武汉:华中科技大学出版社,2002.

[3] 樊俊,陈忠,涂光瑜. 同步发电机半导体励磁原理及应用[M]. 2 版. 北京:水利水电出版社,1991.

[4] 熊信银,张步涵. 电气工程基础[M]. 武汉:华中科技大学出版社,2005.

[5] 韩学山,张文. 电力工程基础[M]. 北京:机械工业出版社,2008.

[6] 吴希再,熊信银,张国强. 电力工程[M]. 武汉:华中理工大学出版社,1997.

[7] 涂光瑜. 汽轮发电机及电气设备[M]. 北京:华中理工大学出版社,1998.

[8] 陈珩. 电力系统稳态分析[M]. 2 版. 北京:水利电力出版社,1995.

[9] 李光琦. 电力系统暂态分析[M]. 2 版. 北京:水利电力出版社,1995.

[10] 温步瀛. 电气工程基础[M]. 北京:中国电力出版社,2006.

[11] 杨冠斌. 电力系统自动装置原理[M]. 2 版. 北京:水利电力出版社,1995.

[12] 陆继明,毛承雄. 同步发电机微机励磁控制[M]. 北京:中国电力出版社,2006.

[13] 杨德先,陆继明. 多功能电力系统综合自动化实验平台研制[J]. 实验技术与管理,2003,20(5):39-42.

[14] 孙雅明. 电力系统自动装置[M]. 北京:水利电力出版社,1990.

[15] 韩富春. 电力系统自动化技术[M]. 北京:中国水利电力出版社,2003.

[16] 毛承雄,王丹,等. 原动机及其调速系统动态模拟[J]. 继电器,2004,32(19):34-48.

[17] 于群,等. MATLAB/Simulink 电力系统建模与仿真[M]. 北京:机械工业出版社,2011.

[18] 吴天明,赵新力,刘健存. MATLAB 电力系统设计与分析[M]. 北京:国防工业出版社,2007.

[19] 张德丰. MATLAB 神经网络编程[M]. 北京:化学工业出版社,2011.